十二五高等院校应用型特色规划教材

移动应用体验产品项目式教程

袁懿磊　周璇　吴莹　赵琳　编著

清华大学出版社

北　京

内 容 简 介

移动互联网技术的飞速发展促进了移动终端多样化的进程。本书共 9 章，系统阐释了移动应用制作软件、移动应用 Logo 制作、动态表情制作等内容。全书案例丰富，涵盖了移动应用产品项目所需要的基本技能。

本书既可作为中、高职院校数字媒体设计与制作专业、计算机 UI 设计专业、计算机多媒体技术专业、艺术设计专业学生的教材，也可作为移动应用界面设计初学者的自学教材，还可作为计算机 UI、动漫、平面设计，电子商务等领域的设计人员的参考用书。

图书在版编目(CIP)数据

移动应用体验产品项目式教程/袁懿磊等编著 . --北京：清华大学出版社，2016
（十二五高等院校应用型特色规划教材）
ISBN 978-7-302-42436-9

Ⅰ.①移… Ⅱ.①袁… Ⅲ.①移动终端-应用程序-程序设计-高等学校-教材 Ⅳ.①TN929.53

中国版本图书馆 CIP 数据核字(2015)第 307853 号

责任编辑：彭　欣
封面设计：汉风唐韵
责任校对：王荣静
责任印制：宋　林

出版发行：清华大学出版社
　　　网　　　址：http：//www.tup.com.cn，http：//www.wqbook.com
　　　地　　　址：北京清华大学学研大厦 A 座　邮　　编：100084
　　　社 总 机：010-62770175　　　　邮　　购：010-62786544
　　　投稿与读者服务：010 - 62776969，c-service@tup.tsinghua.edu.cn
　　　质量反馈：010-62772015，zhiliang@tup.tsinghua.edu.cn
印 刷 者：北京鑫丰华彩印有限公司
装 订 者：三河市溧源装订厂
经　　销：全国新华书店
开　　本：185mm×260mm　　印　　张：11.25　　字　　数：211 千字
版　　次：2016 年 3 月第 1 版　　　　印　　次：2016 年 3 月第 1 次印刷
印　　数：1～3000
定　　价：57.00 元

产品编号：055639-01

前言

随着移动互联网的迅速发展,以及智能手机、平板电脑的快速普及,用户不用在电脑前,也可以随时随地接收信息,越来越多的企业也意识到建立自己的 APP 应用和移动网站的重要性,投身于移动产品应用平台的设计师也日益增多。本书主要介绍移动应用界面设计,各移动产品开发平台相关的基础知识以及设计要求、运营常识等。

本书具有案例丰富、模块清晰的特点,为了能够让读者迅速掌握移动应用用户体验界面设计的技能,采用了项目式教学方式编写的方式,其特点是,以项目任务为引导和实施的方式编写本书,将操作技能融合在有目的的训练过程中,使案例设计制作过程与学习过程融为一体,同时结合企业案例,体现学以致用知行合一的原则和思想,通过项目与技能训练的结合,增强读者对移动应用用户体验界面设计和工作流程的理解,实现了训练操作技能的灵活运用。

本书共包括 9 章内容:第 1 章,移动应用制作软件基础;第 2 章,移动应用 Logo 绘制;第 3 章,产品角色形象设计案例;第 4 章,动态表情制作项目;第 5 章,手机主题制作项目;第 6 章,手机彩信制作项目;第 7章,彩漫制作 DIY 设置要求;第 8 章,手机微漫画制作项目;第 9 章,手机微动画制作项目。

本书主要编写人员有袁懿磊,周璇,吴莹,赵琳。编者分别根据其熟悉的领域进行了案例的梳理与总结。参编人员都有丰富的艺术设计专业教学经验,其中袁懿磊、周璇还为北京君之路动漫科技有限公司、珠海顶峰互动科技有限公司制作了大量的移动应用产品,书中的案例均来自企业的真实项目。在此感谢广东科学技术职业学院艺术设计学院、北京君之路动漫科技有限公司、珠海顶峰互动科技有限公司对本书编写的大力支持。

本书参考学时建议如下,读者可据此自主安排学习进度。

序号	章 节 名 称	参考学时建议
1	第1章 移动应用制作软件基础	4
2	第2章 移动应用 Logo 制作	4
3	第3章 产品角色形象设计案例	8
4	第4章 动态表情制作项目	4
5	第5章 手机主题制作项目	12
6	第6章 手机彩信制作项目	4
7	第7章 彩漫制作 DIY 设置要求	4
8	第8章 手机微漫画制作项目	6
9	第9章 手机微动画制作项目	8

为了方便读者进行学习,本书提供了配套课件、案例和素材,可从出版社网站下载或联系编者邮箱:yuanyilei417@sohu.com。

编 者

目录

第1章

移动应用制作软件基础

学习目标

1. 了解移动应用开发知识。
2. 了解移动应用制作的软件。

1.1 移动应用 APP 概述

2008 年 3 月 6 日，美国苹果公司对外发布了针对 iPhone 手机的应用开发包(SDK)，为用户提供免费下载服务，以便第三方应用开发人员开发针对 iPhone 及 Touch 的应用程序软件。这使得移动应用开发者们从此有了直接面对用户的机会，同时也催生了国内众多 APP 开发商的出现。2010 年，Android 平台在国内手机上呈井喷的发展态势，虽说 Android 平台的应用开发还不是十分便捷，但许多人仍然坚信 APP 开发的广阔前景。移动应用程序的开发，是指专注于手机应用软件的开发与服务。

APP 是 application 的缩写，通常专指手机上的应用软件，或称手机客户端。苹果公司的 APP store 开创了手机软件业发展的新篇章，使得第三方软件的提供者参与其中的积极性空前高涨。随着智能手机日渐普及，用户日益依赖手机软件商店，截至 2012 年 12 月，APP 开发已变为一片红海。

当然，移动互联网时代是全民的移动互联网时代，是每个人的时代，也是每个企业的时代。APP 便捷了每个人的生活，APP 开发让每个企业都开始了移动信息化进程。

1.1.1 开发流程及注意事项

制作一款 APP 软件，首先，必须要有相关的思想，也就是说，第一步是 APP 的思想形成。

其次，就是通过那些思想来进行 APP 的主要功能设计以及大概的界面构思和设计。

接着，是大功能模块代码编写以及大概的界面模块编写。在界面模块编写之前，开发者可以通过模拟器做大的功能开发。但事实上，对于 iNotes 开发来说，模拟器是不够用的，它的多触点(multi-touch)支持是非常弱的，很多 Touch 的测试是无法用模拟器来做的。特别值得注意的是,在功能开发的过程中要注意内存的使用,这也是在 iOS 开发上最最重要的事项。

然后,把大概的界面和功能连接后,APP 的大致模板就出来了。值得一提的是,如果有界面设计师,就能节省大量时间。设计师可以让编写功能模块和界面设计同步进行,这样 APP 的模板出来后,基本上可以有可用的界面。

在模板出来之后,要自己试用和体验几遍,然后根据情况进行修改。

APP 的 0.8 左右版本完成后可以加入 Production 的图标和部分 UI 图片,如果没有重大错误,0.9 版本可以尝试寻找 Beta 用户。如果在产品设计和开发过程中,寻找一部分测试用户参与对于设计的完善是非常有必要的。可以在 APP 发布后给这些用户发放免费产品作为回馈其的一种方法,这既可以提高产品质量,又可让测试用户因拿到免费的软件产品而感到满意。

设计者根据测试用户的反馈,重复之前模板出来后的一系列步骤。

最后,在 APP 完成后,加入 APP icon、iTunesArtwork 等 UI 元素,反复测试无错误后上传 iTunes,之后大概要花 7 天至 14 天来等候审批。

1.1.2　APP 系统类型介绍

主流的 3 大 APP 系统为:

(1) 苹果 iOS 系统版本,开发语言是 Objective-C。

(2) 微软 Windows phone 7 系统版本,开发语言是 C♯。

(3) 安卓 Android 系统版本,开发语言是 Java。

1.1.3　APP 系统开发工具介绍

1. 苹果 APP 开发工具介绍

(1) iOS Boilerplate 苹果 APP 开发工具。

此工具可以帮助开发者节省许多项目的初始编码时间。iOS Boilerplate 不是一个框架,而是一个苹果 iOS APP 应用的基础模版,同时是包含一些相同固件和广泛使用的第三类库,开发者使用这个工具进行苹果 APP 开发可达到事半功倍的效果。

(2) Slash 苹果 iOS 开源库。

Slash 是 iOS 的一个开源库,可以为 NNSAttributedStrings 的样式添加扩展标记语言,与 HTML 相类似,但是可以定义每个标签的意义,让其十分具有可扩展性。在苹果应用程序开发工具 Slash 的帮助下,开发者能够简单地在 iOS 开发中使用属性字符串,并生成更为整洁干净的 APP 代码。

（3）Easy APNS 苹果应用开发工具。

这是一个用来管理苹果推送通知的 PHP 脚本，完全开源，设置十分简单。如果你熟悉 PHP，那么这将是你开发苹果 APP 应用程序必不可少的工具。Easy APNS 为开发者提供了可以用来控制整个推送通知后端部分的非常直观的一种方式，并且这个 PHP 脚本是免费的、开源的。

（4）AirServer iOS APP 开发工具。

开发者使用 AirServer 工具可以把 iPhone 或是 iPad 的屏幕搬到电脑上，是一个十分简单的 Mac 和 PC 应用。这款苹果软件开发工具可以通过本地网络将视频、音频、照片和支持 AirPlay 的其他第三方 APP 软件，从 iOS 设备无线传送到 Mac 电脑屏幕上，让 Mac 成为一个 AirPlay 终端。使用这个开发工具可以更方便地展示一个修复了 bug 的屏幕截图。

2. Windows Phone APP 开发工具介绍

Windows Phone SDK 是微软发布的工具套装，它可以让开发者在开发环境中模拟 Windows Phone 运作，以减少测试应用时的时间和成本。

（1）Windows Phone SDK 7.1.1。

2012 年 3 月 27 日，Windows Phone SDK 7.1.1 发布，支持在 Windows 8 上运行，该版本的特点就是可以让开发者把他们正在运行的应用在 512MB 模拟器和 256M 模拟器之间随意切换。当然，这样也就确保开发者们的 Windows Phone 应用可以在像诺基亚 Lumia 610 这种只有 256M 内存的"Tabgo"设备上运行。此外在最新版本中 Microsoft Advertising SDK 也得到了相应的更新（之前只是作为一个独立安装程序），并且修复了一些开发者在运行是遇到的一些问题。在 IDE(7.1.1 已经增加到 10 种语言)和模拟器系统(新加入马来西亚和印度尼西亚语)中支持一致的语言。

（2）Windows Phone SDK 8.0。

Windows Phone SDK 8.0 是一个功能齐全的开发环境，可用于构建 Windows Phone 8.0 和 Windows Phone 7.5 的应用和游戏。Windows Phone SDK 将提供一个适用于 Windows Phone 的独立 Visual Studio Express 2012 版本或作为 Visual Studio 2012 Professional、Premium 或 Ultimate 版本的外接程序进行工作。

3. Android APP 开发工具介绍

（1）MOTODEV Studio for Android。

这是基于 Android 系统的 APP 开发工具，为 APP 开发者们提供新的 MOTODEV APP Accelerator Program，使他们可以开发出更适合摩托罗拉 Android 手机的应用程序。

（2）开发插件 Mobile Tools for Java。

Mobile Tools for Java(MTJ)是 Nokia 公司开发的一款 APP 开发工具 Eclipse 插件，用于支持 Java 手机应用程序 APP 开发工具。其前身就是大名鼎鼎的 EclipseME。

（3）NOKIA 手机开发包 gnokii。

gnokii 是一个 NOKIA 手机开发包 APP 开发工具，可支持大多数 NOKIA 手机的型号。功能无比强大，可以修改 Logo，收发短信，拨打/接听电话，编辑铃声，甚至还可以取到对方手机的蜂窝号(Cell ID)，从而起到定位的作用。

（4）Android APP 加密。

Android APP 加密是 APP 开发工具平台提供的一项专业的安全保护服务，尤其是初学者，刚开始学习可能比那些老前辈知道的多，从而在一开始就能注意到 Android APP 开发的安全问题，借此 APP 开发工具平台可实现安全防破解。

（5）apk 文件修改工具 Root Tools。

Root Tools 是一个新的 APP 开发工具，Android 开发者可以在这一 APP 开发工具软件的支持下，对 .apk 格式的文件进行再次修改，让程序表现更加出色，满足用户的需求。Root Tools 里面自带有很多 APP 开发工具，比如 BusyBox。

（6）MOTODEV Studio。

MOTODEV Studio 是摩托罗拉公司开发的 Android 应用 APP 开发工具。这是一个 Eclipse 的插件。该插件同时也提供了 JavaME 应用的开发和 WebUI 的开发功能。

1.1.4　市场现状

APP 创新性开发，始终是用户关注的焦点，而商用 APP 客户端的开发，更得到诸多网络大亨们的一致关注与赞许。"在传统广告、传统互联网与移动互联网融为一个整体的时候，企业和用户之间将可以非常方便地建立一个良性的闭合环：看到你、了解你、记住你，而这正是企业营销中最为理想的状态，也是互联网最大的价值，或将成为未来的一种新趋势，影响着越来越多的用户和企业主。"

一开始 APP 只是作为一种第三方应用的合作形式参与到互联网商业活动中去的，随着互联网越来越开放化，APP 作为一种新生事物，与 iPhone 的盈利模式开始被更多的互联网商业大亨看重，如淘宝开放平台(参考买家应用中心优秀 APP：开心赚宝)、腾讯的微博开发平台、百度的百度应用平台等，都是 APP 思想的具体表现。一方面可以积聚各种不同类型的网络受众；另一方面借助 APP 平台获取流量，其中包括大众流量和定向流量。

随着智能手机和 iPad 等移动终端设备的普及，人们逐渐习惯了使用 APP 客户端上网的方式,而目前国内各大电商,均拥有了自己的 APP 客户端,这标志着 APP 客户端的商业使用已经开始初露锋芒。

1.2

1.2 移动应用制作图形图像概述

移动应用制作是在智能手机平台上衍生出的一系列软件的制作。随着智能手机普及各年龄层用户,不同的需求也与日俱增。面对同样一个软件,不同的人对界面有着不同的感受。为了让广大使用者都喜欢自己的应用,应用的开发者需要优化应用的使用界面,图 1-1 所示为各种应用的图标。

图 1-1　各种各样的移动应用图标

应用界面的开发者需要通过熟练地操作绘图软件,运用开创性的设计思维,才能把生动、有趣的界面以独特的方式呈现出来。我们在学习移动应用制作时,需要将软件与设计思维相结合,才能出奇制胜,得到意想不到的效果。

1. 像素与分辨率

像素是构成图像的最基本的单位,是一种虚拟的单位,只能存在于电脑中。

分辨率是图像的一个重要属性,用来衡量图像的细节表现力和技术参数。分辨率可分为图像分辨率、显示器分辨率、扫描仪分辨率、打印机分辨率等。

2. 位图和矢量图

位图图像是由像素描述的,像素的多少决定了位图图像的显示质量和文件大小。单位面积的位图图像包含的像素越多,分辨率越高,显示越清晰,文件所占的空间也就越大。反之,图像越模糊,所占的空间越小。对位图图像进行缩放时,图像的清晰度会受影响。当图像放大到一定程度时,就会出现锯齿一样的边缘。

矢量图是根据几何特性来绘制图形的,矢量可以是一个点或一条线,矢量图只能靠软件生成,文件占用内在空间较小,因为这种类型的图像文件包含独立的分离图像,可以自由无限制地重新组合。它的特点是放大后图像不会失真,和分辨率无关,适用于图形设计、文字设计和一些标志设计、版式设计等。图 1-2 是位图和矢量图的对比。

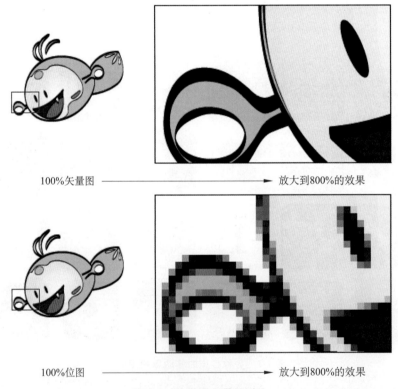

100%矢量图 ━━━━━━━━━━▶ 放大到800%的效果

100%位图 ━━━━━━━━━━▶ 放大到800%的效果

图 1-2 位图和矢量图对比

用于描述矢量图的线段和曲线称为对象,每个对象都是独立的实体,具有颜色、形状、轮廓、大小和屏幕位置等属性,而且不会影响图中其他对象。矢量图的清晰度与分辨率的大小无关,对矢量图形进行缩放时,图形对象仍保持原有的清晰度。

3. 模式

图像的颜色模式直接影响图像的效果，一般分为位图模式、灰度模式、双色调模式、索引颜色模式、RGB 颜色模式、CMYK 颜色模式、Lab 颜色模式、多通道模式。

4. 图像文件格式

在 Photoshop 中，提供了多种图像文件格式。根据不同的需要，可以选择不同的文件格式保存图像。图像文件格式包括 PSD 格式、BMP 格式、PDF 格式、JPEG 格式、GIF 格式、TGA 格式、TIFF 格式、PNG 格式等。

1.3 Adobe Photoshop 软件界面及基本操作方法

Adobe Photoshop CS6 是一款功能强大的图像处理软件，它可以制作出完美、不可思议的合成图像，也可以对照片进行修复，还可以制作出精美的图案设计、专业印刷设计、网页设计、包装设计等，可谓无所不能，因此，Adobe Photoshop CS6 常用于平面设计、广告制作、数码照片处理、插画设计，以及最新的 3D 效果制作等领域。

1.3.1 Adobe Photoshop CS6 软件界面

Adobe Photoshop CS6 的界面主要由工具箱、菜单栏、面板和编辑区等组成。如果我们熟练掌握了软件的各组成部分的基本名称和功能，就可以自如地对图形图像进行操作。

通过图 1-3 可以看出，Adobe Photoshop CS6 的操作界面主要由快速切换栏、菜单栏、工具箱、图像窗口、状态栏与面板组成。

Adobe Photoshop CS6 软件配置要求

在学习 Adobe Photoshop CS6 软件制作平面设计之前，首先要熟悉 Adobe Photoshop CS6 的安装与卸载，了解 Adobe Photoshop CS6 的工作界面，这对以后的软件操作具有很大的帮助。

Adobe Photoshop CS6 配置要求如表 1-1 所示。

图 1-3　Adobe Photoshop 工作界面

表 1-1　Adobe Photoshop CS6 的配置要求

名　　称	配　　置	名　　称	配　　置
处理器	Intel Pentium 4 或 AMD Athlon 64 以上处理器	安装所需硬盘空间	1GB
内存	1GB 或更大	显示器分辨率	1024×768
显卡	16 位或更高独显	驱动器	DVD-ROM
多媒体功能	QuickTime 7.6.2	GPU 加速功能	Shader Model 3.0 和 OpenGL 2.0 图形支持

1.3.2　启动和关闭 Adobe Photoshop CS6

1. 启动 Adobe Photoshop CS6

常见的启动 Adobe Photoshop CS6 的方法是双击桌面的 Adobe Photoshop CS6 快捷方式图标,这里介绍另外两种启动 Adobe Photoshop CS6 软件的方法。

方法 1:在桌面左下角单击"开始"按钮,在弹出的"开始"菜单中执行"所有程序＞ Adobe Photoshop CS6"命令,即可启动 Adobe Photoshop CS6。

方法 2:双击关联 Adobe Photoshop CS6 的图像文件的图标,同样可以启动 Adobe Photoshop CS6。

2. 关闭 Adobe Photoshop CS6

方法 1:执行"文件＞退出"命令。

方法 2:单击界面右上角的"关闭"按钮。

方法 3：按快捷键 Ctrl＋Q。

1.3.3　Adobe Photoshop CS6 工作界面概述

1. 快速切换栏

单击其中的按钮后，可以快速切换视图显示方式。全屏模式、显示比例、网格、标尺等。

2. 菜单栏

菜单栏由 11 类菜单组成，如果单击菜单栏中的图标，就会弹出下级菜单。

3. 工具箱

常用的命令以图表形式汇集在工具箱中。用鼠标右键单击或按住工具图标右下角带有箭头符号的工具，就会弹出功能相异的隐藏工具。

4. 图像窗口

这是显示 Adobe Photoshop 中导入图像的窗口。在标题栏中显示文件名称、文件格式、缩放比率以及颜色模式。

5. 状态栏

位于图像下端，显示当前编辑的图像文件大小以及图片的各种信息说明。

6. 面板

为了更方便地使用 Adobe Photoshop 的各项功能，软件将以面板形式提供给用户更好的操控体验。

7. 路径面板的构成

创建路径后，可以通过"路径"面板对路径进行填充、描边、创建选区等操作。路径面板中的主要构成元素如图 1-4 所示：编号 1～6 分别为"用前景色填充路径"按钮、"用画笔描边路径"按钮、"将路径作为选区载入"按钮、"从选区生成工作路径"按钮、"新建路径"按钮、"删除当前路径"按钮。

8. 创建、复制和删除路径

在 Adobe Photoshop 软件中，对路

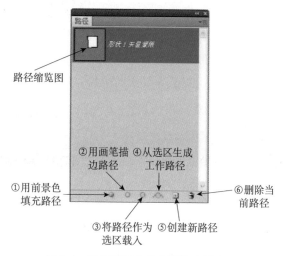

图 1-4　路径面板中的主要构成元素

径的常用操作主要包括路径创建、删除路径以及复制路径,通过这三种操作和路径面板可以制作出丰富的画面效果。

1.3.4　Adobe Photoshop CS6 工具箱介绍

Adobe Photoshop CS6 工具箱如图 1-5 所示。

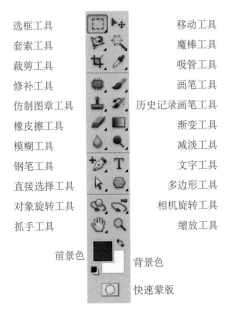

选框工具		移动工具
套索工具		魔棒工具
裁剪工具		吸管工具
修补工具		画笔工具
仿制图章工具		历史记录画笔工具
橡皮擦工具		渐变工具
模糊工具		减淡工具
钢笔工具		文字工具
直接选择工具		多边形工具
对象旋转工具		相机旋转工具
抓手工具		缩放工具

前景色　　　　　背景色

快速蒙版

图 1-5　Photoshop 工具箱

Adobe Photoshop 中常用的工具有:画笔工具、图层工具、钢笔工具、历史记录画笔工具、矩形工具、路径选择工具等。

Adobe Photoshop 的工具箱中包含了该软件的所有工具。在工具箱中工具图标右下角带有小三角形的按钮上按住鼠标左键,或者右击工具图标,都会弹出下拉菜单,显示隐藏工具。单击工具箱顶端的按钮,可以将单栏显示的工具箱调整为双栏显示。

画笔工具

如图 1-6 所示,使用画笔工具可以在图像上绘制各种笔触效果,笔触颜色与当前的前景色相同,也可以创建柔和的描边效果,按 B 键即可选择画笔,按快捷键 Shift+B 能够在画笔工具、铅笔工具、颜色替换工具和混合器画笔工具之间切换,如图 1-7 所示。

铅笔工具的使用方法与画笔工具的使用方法基本相同,但使用铅笔工具创建的是硬边直线。

使用颜色替换工具能够简化图像中特定颜色的替换,可用于校正颜色。该工具不适用于位图、索引或多通道色彩模式的图像。

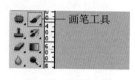

图 1-6　画笔工具

图 1-7　画笔工具其他模式

混合器画笔工具是较为专业的绘画工具,通过属性栏的设置可以调节笔触的颜色、潮湿度、混合颜色等,这些就如同我们在绘制水彩或油画的时候,随意的调节颜料颜色、浓度、颜色混合等,可以绘制出更为细腻的效果图。

1.3.5　Adobe Photoshop CS6 图层工具

Adobe Photoshop CS6 图层工具如图 1-8 所示。

1. 用钢笔工具创建绘制图层

钢笔工具如图 1-9 所示。

快捷键 P,可以在工具箱里找到,如图 1-10 所示。

钢笔工具用于绘制复杂或不规则的形状或曲线。按 P 键可以选择钢笔工具,按快捷键 Shift+P 能够在钢笔工具、自由钢笔工具、添加锚点工具等工具之间切换,如图 1-9 所示。

利用自由钢笔工具在图像中拖动,即可直接形成路径,就像用铅笔在纸上绘画一样。绘制路径时,系统会自动在曲线上添加锚点。使用自由钢笔工具,可以创建不太精确的路径。

添加锚点工具用于在现有的路径上添加锚点,单击即可添加。删除锚点工具用于在现有的锚点上删除锚点,单击即可删除。如果在钢笔工具的选择栏中勾选"自动添加/删除"复选框,可在路径上添加和删除锚点。

转换点工具主要用于调整绘制完成的路径,将光标放在要更改的锚点上单击,可以转换锚点的类型即在平滑点和直角点之间转换,将平滑点转换为直角点。

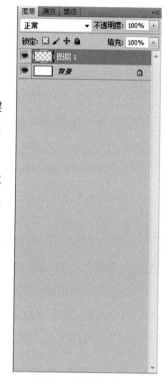

图 1-8　图层工具

注:在使用钢笔工具时,按 Alt 键可临时转换成转换锚点工具。若上一个锚点是平滑锚点,那么在下一个锚点勾画之前,按 Alt 键单击上一个锚点可将其中的一个控制锚点删除。

2. 历史记录画笔工具和历史记录艺术画笔工具

历史记录画笔工具和历史记录艺术画笔工具如图 1-11 所示。

图 1-9　钢笔工具

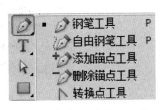

图 1-10 钢笔工具其他模式

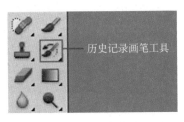

图 1-11　历史记录画笔工具

历史记录画笔工具是通过重新创建指定的原数据来绘制,而且历史记录画笔工具会与"历史记录"面板配合使用。按 Y 键即可选择历史记录画笔工具,按快捷键 Shift + Y 能够在历史记录画笔工具和历史记录艺术画笔工具之间进行切换。

历史记录艺术画笔工具可用于指定历史记录状态或者快照中的数据源,以特定的风格进行绘画,可以在"画笔"面板中设置不同的画笔。

3. 矩形工具

矩形工具和矩形选框工具都能用于绘制矩形形状的图像。不同的是,利用矩形工具能够绘制出矩形形状的路径,而矩形选框工具没有此功能。按 U 键能够选择矩形工具,按快捷键 Shift+U 能够在矩形工具、圆角矩形工具等工具之间进行切换。

圆角矩形工具用于绘制矩形或圆角形状的图形。对该工具的选项栏中的"半径"进行不同的设置,可以控制圆角矩形四个圆角的弧度。

使用椭圆工具和椭圆选框工具都能够绘制椭圆形状,但使用椭圆工具能够绘制路径,以及使用选项栏中设置的"样式"对形状进行填充。"绘制圆形路径将路径转换为选区"。

多边形工具用于绘制不同边数的形状图案或路径。

直线工具用于在图像窗口中绘制像素线条或路径。在选项栏中可以根据不同的需要设置其线条或路径的粗细程度。

自定形状工具用于绘制各种不规则形状。在该工具的选项栏中单击"形状"选项右侧的下三角按钮,在弹出的面板中提供了多种形状。根据不同的需要可以选择不同的形状。

4. 路径选择工具

在 Adobe Photoshop CS4 中当需要对整体路径进行选择与位置调整时,需要使用路径选择工具。选择该工具后,将鼠标移动至需要选择的路径上进行单击,完成对路径的选择,并且可以对选中的路径的位置进行移动。移动鼠标至路径上单击鼠标选择路径移动路径位置。

直接选择工具主要对路径锚点进行选择,并结合 Ctrl 键对节点进行调整,便于对部分路径的形状进行变换。在绘制的路径图像上单击鼠标左键,选中该锚点,选中锚点的状态为实心效果,然后结合 Ctrl 键对锚点进行调整。移动鼠标至需要选择的锚点单击鼠标左键选中锚点移动锚点位置。

"描边路径"命令主要采用路径工具和绘图工具与修饰工具的结合使用,通过对绘图工具与修饰工具的设置,再进行路径的绘制,最后对路径执行"描边"路径命令。

1.4 Adobe Flash 软件界面及基本操作方法

1.4.1 Adobe Flash 软件基础

Adobe Flash 是动画创作工具,设计人员和开发人员可使用它来创建演示文稿、应用程序和其他允许用户交互的内容。Flash 可以包含简单的动画、视频内容、复杂演示文稿和应用程序以及介于它们之间的任何内容。通常,使用 Adobe Flash 创作的各个内容单元称为应用程序,即使它们可能只是很简单的动画。用户可以通过添加图片、声音、视频和特殊效果,构建包含丰富媒体的 Adobe Flash,Adobe Flash 软件界面应用程序如图 1-12 所示。

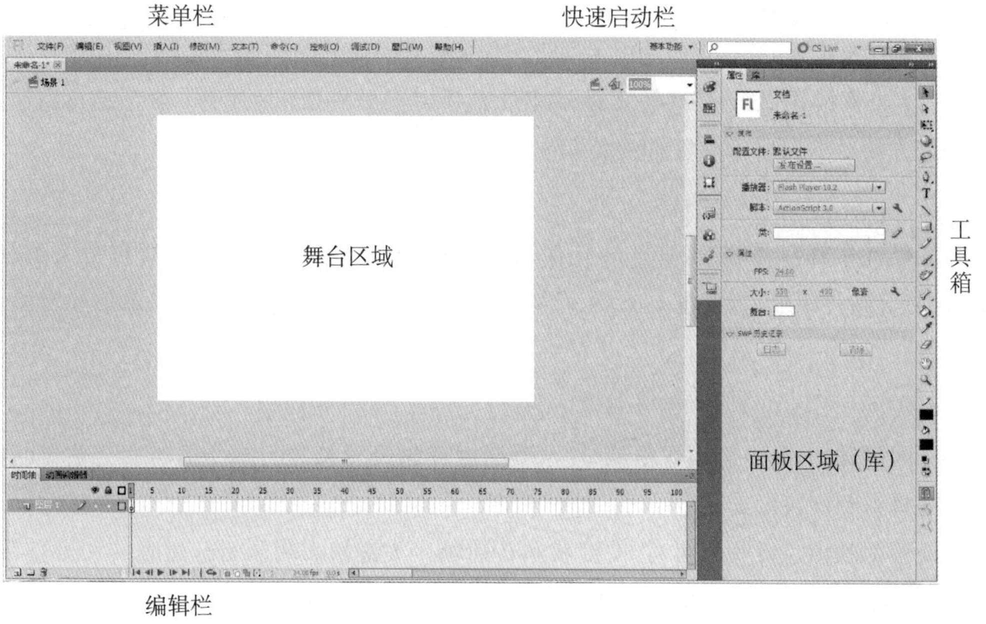

图 1-12 Adobe Flash 工作界面

Adobe Flash 是 Adobe 公司推出的矢量动画制作软件。Flash 制作的动画,除在网页浏览外,还可以在专门的播放器播放,也可以直接输出为可执行文件、AVI 文件、GIF 动画或图像。Adobe Flash 的制作是以时间轴为主线,方便地控制每一关键帧,还可以根据需要,调整每秒显示帧数。

Flash CS6 的配置要求如表 1-2 所示。

表 1-2　Flash CS6 的配置要求

名　　称	配　　置	名　　称	配　　置
处理器	Intel Pentium 4 或 AMD Athlon 64 以上处理器	安装所需硬盘空间	1GB
内存	1GB 或更大	显示器分辨率	1024×768
显卡	16 位或更高独显	驱动器	DVD-ROM
多媒体功能	QuickTime 7.6.2	GPU 加速功能	Shader Model 3.0 和 OpenGL 2.0 图形支持

1. Adobe Flash 软件图层

一个图层,指动画编辑的物理层,层如一张透明的纸,除了画有图形或文字的地方,其他部分都是透明的;图层又是相对独立的,修改其中一层,不会影响到其他层。图层有 4 种状态。

(1) 活动状态:可以在该层进行各种操作。

(2) 隐藏状态:即在编辑时是看不见的。

(3) 锁定状态:被锁定的图层无法进行任何操作。

(4) 外框模式:处于外框模式的层,其上的所有图形只能显示轮廓。灵活地运用这些模式可方便对不同层中对象的操作并防止误删除。

2. Adobe Flash 软件场景

场景犹如舞台,所有的演员与所有的情节,都在这个舞台上进行。舞台由大小、音响、灯光等条件组成,场景也有大小、色彩等的设置。场景可以进行复制、添加和删除等操作。

3. Adobe Flash 普通帧和关键帧

在时间轴上,每一个小方格就是一个帧,时间轴是对帧进行操作的场所。帧在时间轴上的排列顺序决定了一个动画的播放顺序。

动画中的帧主要分为两类:关键帧和普通帧。关键帧表现了运行过程的关键信息,它们建立了对象的主要形态。关键帧之间的过渡帧就叫作中间帧(普通帧)。

在一个关键帧里,什么对象也没有,就称为空白关键帧。特别是那些要进行动作(Action)调用的场合,常常是需要空白关键帧的支持的。

4. Adobe Flash 软件元件和库

在 Adobe Flash 中,元件是一种特殊的对象。元件一旦被创建,就可以无数次地在 Adobe Flash 动画中使用。Adobe Flash 元件分为三类:图形、按钮和电影剪辑。

(1) 图形元件。图形元件可以是静止的图片,也可以是动画,但不能被用于添加交互行为。

(2) 按钮元件。按钮元件可以响应鼠标事件,有 Up、鼠标经过、Down 和反应区四种状态。

(3) 影片剪辑元件。影片剪辑元件使用相对比较复杂,可以看成是一个独立的动画。当播放主动画时,影片剪辑元件本身也在循环播放。

创建元件方法一:制作一个新的组件。执行 Insert/New Symbol 命令,在组件属性对话框中来定义组件的类型和名称,单击 OK 按钮后,进入中组件编辑场景。

方法二:将场景中的图形转换成元件。首先选定场景中的图形,然后执行 Insert/New Symbol 命令,在组件属性对话框中定义组件的名称和类型。创建组件后,打开 Library面板,用鼠标左键把需要的组件拖拽至主场景中,此时即应用了组件的实例。

1.4.2　Adobe Flash CS6 面板菜单

软件操作的形式跟 Adobe Photoshop 软件操作大同小异。新建立文档,出现舞台区域,接着通过关键帧的编辑形成动画。为了制作精美的动画效果,要求应用开发者能熟练操作 Adobe Flash 的基本工具和加强美术绘画基础。

1. 菜单栏

按照不同的功能,将菜单分成 9 类。

2. 时间线窗口

时间线窗口是一个用于制作动画的地方,表示各帧的排列顺序和各层的覆盖关系,主要由图层和帧区两部分组成,每层图层都有其对应的帧区,注意上一层图层中的动画将覆盖下层图层中的动画。

3. 工具箱

工具箱向用户提供了各种用于创建和编辑对象的工具。

箭头工具:对图形、元件对象进行操作的工具。

选取工具:对图形的形状以及钢笔路径的形式进行修改的工具。

套索工具:具有魔术棒和多边形两种模式。

文本工具:用来输入文本的区域,有静态文本、动态文本和输入文本三种形式,可以通过文本属性面板来设置文本的类型和文字的属性。

钢笔工具:可以用来绘制各种复杂的对象。

铅笔工具:用来画线条的工具,可以是直线,也可以是曲线。有直线化、平滑和墨水瓶三种形式。

笔刷工具:用来绘制一些形状随意对象的工具,包括标准绘画、颜料填充、后面绘画、颜料选择和内部绘画五种形式。

自由转换工具:能够对图形或元件进行任意旋转、缩放和扭曲的工具。

填充转换工具:主要用来修改对象填充样式的方向。

墨水瓶工具:用来更改矢量对象线形的颜色和样式。

颜料桶工具:用来更改矢量对象填充区域的颜色。

4. 舞台工作区

舞台工作区是对影片中的对象进行编辑、修改的场所。

5. 浮动面板

浮动面板是用于创建和编辑对象、制作和编辑动画的工具,包括属性面板、动作面板、问题解答面板、信息面板、场景面板、库面板等。

【本章小结】

Adobe Photoshop 软件和 Adobe Flash 软件作为移动应用制作的主要软件,操作简单,上手较快。熟练使用它们可以很快踏入制作移动应用的大门。不过光会用软件是不够的,同学们在学习软件时更要努力学习其他方面的课程以提升自己的艺术修养。

【复习思考题】

1. 如果说软件安装时出现兼容性的错误,你会先从哪方面解决问题?

2. 为什么 Adobe Photoshop 和 Adobe Flash 的工具箱如此相似? 这样有什么好处?

3. 存在万能的工具吗? 如果有,列举出来;没有的话,请说明理由。

第 2 章

移动应用 Logo 绘制

学习目标

1. 能够制作移动应用 Logo。

2. 可以用钢笔工具做简单的图形。

2.1 Logo 简述

1. Logo 基本概念

Logo 译为标志、徽标，是独特的传媒符号，其特性如下。

（1）识别性：特点鲜明、容易辨认和记忆、含义深刻。

（2）领导性：视觉传达要素的核心，信息传播的主导力量。

（3）统一性：整体文化特色的具体象征。

（4）涵盖性：通过对标志的阐述可以联想到相应的产品内容。

（5）革新性：随着时代不断演变。

2. Logo 基本构成

Logo 图形简练，造型千变万化，重要的是它的独特性。标志图形的构成元素有：文字、图形、综合图形。

3. Logo 设计思路

在实际设计中，很多设计构思都是难以用语言表达出来的，有时是一种灵感，有时是一种效仿，而更多的时候其是通过烦琐的工作与多次的尝试完成的。在实际的设计中没有你非做不可的限制，也没有放之四海而皆准的真理，但也存在一些比较普遍的问题值得注意。比如，形体的放置、联想设计的手法、Logo 的颜色以及字体的标准。

创意的构思并没有公式，也不能只从一个方向，直线地思考。我主张在开始时尽量于广阔的空间中思考，围绕定位不定向地辐射发展，以不同的方法表现主题。我们将所有想法记录下来，将较好的创意想法绘成草图，但不偏离定位。

4. Logo 设计的技巧

Logo 的设计技巧很多，主要有：共用笔画、截除线条、环的相扣、同字镜像、复制等。

但不管是用哪种方式,我们都不要被技法所局限,设计 Logo 永远是让你发散思维的过程,而不是在给定一个标准后去简单地描摹。

2.2 图标制作流程概述

首先,需要了解 Photoshop 软件和 Flash 软件设计的过程,如图 2-1 所示。

一般来说,由 Photoshop 和 Flash 制作的图片和动画等都是通过互相导入来进行编辑。比如,Photoshop 制作的都是位图,所以制作出的图片可以很写实,导入 Flash 可以制作出高质量的动画效果。我们在制作移动应用时,常在 Photoshop 软件中制作出高精度的应用图标,然后通过 Flash 来进行编辑。比如,由 Photoshop 制作出的图片大多有背景。当我们制作圆角矩形 Logo(iOS 应用图标)时是不需要背景的,如图 2-2 所示。

图 2-1　苹果的应用图标分辨率为 1200×1200

这时需要把背景层删除,然后把图片保存为 PNG 格式,如图 2-3 所示。

图 2-2　Photoshop 制作的图标都带有背景

图 2-3　把背景层拖曳删除

将图片保存为 PNG 格式,如图 2-4 所示。

图 2-4　在另存为下拉选项中找到 PNG 格式

通过一系列操作后，就完成了应用图标的制作，可以将其导入 Flash 中进行动画编辑。在接下来的软件使用说明中将会进行操作的解释，如图 2-5 所示，保存为 PNG 格式的图片是没有背景色的。

图 2-5 保存为 PNG 格式的图片（背景色为透明）

<table>
<tr><td>2.3</td><td>案例：制作 Logo 图像</td></tr>
</table>

为了让读者对软件使用有更好的认识，接下来以制作 Logo 为例进行介绍。如图 2-6 所示。

制作步骤如下：

（1）选择"文件"选项，新建一个 400×400 像素尺寸，设置 72 像素；颜色模式为 RGB。8 位色的 PSD 文件，如图 2-7 所示。

（2）选择圆形选取工具，按住 Shift＋Alt 键拖曳出适当大小的圆形选框。选择工具箱上的调色板，选取红色，按 Alt＋Delete 键填充红色，如图 2-8 所示。

图 2-6 图例 Logo

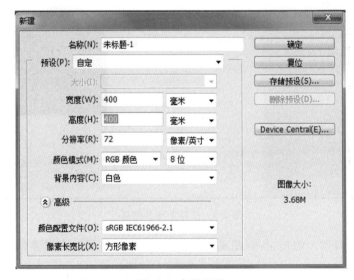

图 2-7 参数设置

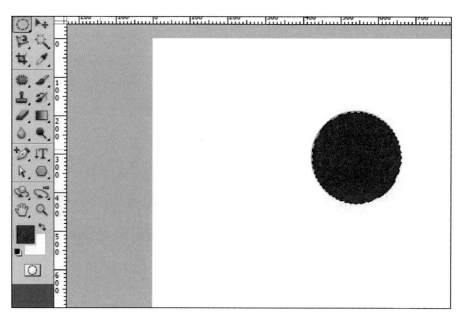

图 2-8　制作红色圆形

（3）制作一个矩形选框，其宽度和之前制作的圆形直径一致。填充后进行拼接，如图 2-9 所示。

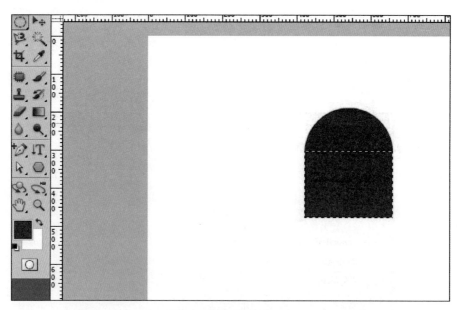

图 2-9　拼接圆形和矩形

（4）同时选择两个图形，实行复制和旋转，并将复制出来的图形排列整齐，如图 2-10 所示。

（5）使用"钢笔"工具画出心形图标，填充任意一个颜色，如图 2-11 所示。

（6）把心形填充为白色，与刚才完成的十字图形中心结合，再进行适当修改，就完成了最终效果，如图 2-12 所示。

图 2-10　排列整齐后效果　　　　图 2-11　心形图标　　　　图 2-12　最终效果图

（7）完成后导出 PNG，便可以在 Flash 软件进行移动应用的进一步编辑了。

在本章的最后，还需要了解知名移动应用的制作概述。随着移动设备的发展，各种各样的新闻应用类移动应用产品同时开发完成，其各具特色的应用图标也是我们参考的重要对象，如图 2-13 所示。

图 2-13　新闻类应用

同样，游戏类应用也是花样百出，其图标制作也是吸引玩家的重要部分，如图 2-14 和图 2-15 所示。

图 2-14　游戏类应用

图 2-14 （续）　　　　　　　　　　图 2-15　知名移动游戏应用

移动应用图标现在分立体化和扁平化两种。立体化的移动应用图标有精细、高还原等特点。在应用商店里,精工制作的图标通常会更引人注目。在 iOS6(苹果系统)之前,移动应用图标的趋势一直是以高精度为主,如图 2-16 所示。

不过,iOS7 的发布,却一改之前苹果的态度,应用的图标转变为高度简洁的扁平化图标,如图 2-17 所示。

图 2-16　iOS6 界面　　　　　　　图 2-17　iOS7 界面

通过图 2-18 可以发现,iOS6 以及之前的 iOS 版本中图标都是相当精细的,如图 2-18 所示。

iOS7 版本的图标则呈现出扁平化,如图 2-19 所示。

图 2-18　iOS6 APP store 图标　　　图 2-19　iOS7 APP store 图标

【本章小结】

扁平化的图标并非是"简单化的图标"。扁平化的图标对设计者的要求更高,需要设计者发挥极简练的思维,给使用者以赏心悦目的感受。制作扁平化图标的软件有更多选择,可以是位图软件,也可以是矢量图软件。外观看起来极为简洁的图标,其实都需要建立在堆积如山的草稿上。在草稿确立之后,可以通过扫描仪等仪器将图形导入软件,然后用钢笔工具将图形勾勒出来,并且极为讲究地填充颜色,图标最终才得以最终完成。

作为应用开发者,必须把自己定位在潮流尖端,紧随潮流。制作出不同风格的应用图标,不仅可以展现其应用价值,而且可以吸引不同领域的使用者,给企业带来不可估量的价值。

【复习思考题】

1. 请使用 Photoshop 软件制作一个银行的 Logo,色彩不做限制。

2. 使用 Photoshop 软件,制作一个扁平化效果的教育类和财经类的 Logo 图形。

3. 请问扁平化 Logo 的特点是什么?

第3章

产品角色形象设计案例

1. 熟练运用 Photoshop 软件的钢笔工具。

2. 动手制作角色前要做好准备工作,学会在找寻灵感时高效使用速写本。

3. 设计角色时要有空间感,并作出三视图。

3.1

动漫人物的特点

为了创作一系列生动的卡通形象,我们首先需要了解卡通形象所包含的外在特征以及其性格特点。没有外在鲜活灵动的卡通形象,是无法吸引人的眼球的,而没有个性的卡通形象则像是行尸走肉,毫无真实感,即便有再华丽的外表,也终究只有外在,没有内涵。

制作项目时我们需要将客户的要求进行展现,比如要求大概的外在形象、性格特点等。有时还会有颜色等方面的具体条件,都要求我们将其准确地表现出来。

动画的一个基本概念,是为原本没有生命力的形象创造了生命和个性。动画通过这种技术手段为人们创造出另一个虚拟的世界,也为读者带来无穷的想象空间与艺术感受。动漫人物通常具有三个特点。

1. 动漫人物角色的非现实性

事实上,所有动漫人物基本都属于架空概念的造型艺术角色,因此动漫角色的整体特性是由其所属的故事内容决定的。在文化艺术创作领域,动漫角色是构筑一个全虚拟艺术造型世界的基本元素,所以动漫角色具有很强的非现实性,设计时就会允许对现实人物造型进行一定程度的艺术改造、加工和夸张。从动漫人物五官的夸张度很容易看出动漫造型的非现实性。

2. 动漫人物角色造型的艺术夸张度

基于动漫人物角色的非现实性,人物设定的艺术造型对艺术夸张程度并不设限,可以很写实,也可以很夸张。即使基于现实所创作的人物角色,依然会给予其一定的夸张,这可以从写实派漫画作品中看出,如欧美漫画中的超人、蝙蝠侠等,均基于写实人物造型,只做了适当的面部和体型的结构夸张,所以他们的发型也只做了小幅夸张。而部分动漫影视作品或游戏作品,其人物造型则根据故事内容整体做了相应的夸张设定。基于写实基础的动漫人物角色造型,其五官只在结构上有所夸张,造型方面无夸张。

3. 动漫人物角色造型的整体性

针对动漫人物角色的整体造型设计,是一个动漫人物角色面部与发型是否协调的关键所在。一个写实的人物造型,必须配以相对写实的发型;而一个夸张的人物造型却可以有写实和夸张两种选择,其夸张程度则必须以角色自身的夸张程度为标准。

3.2 动漫形象的造型方法

在明确了动漫形象的设计定位后,我们将进入具体的造型绘制中,如何使自己脑中构思的形象跃然纸上,这往往是初学者较为头疼的事情。他们往往只是跟着感觉而去随意地勾画,缺少一个明确的目的和科学的步骤。创想时代游戏动漫培训学校原画项目部负责人王振峰先生曾在 2012 年高校巡讲时,给学员们介绍了以下三种动漫形象造型方法。

1. 几何形的组合

这与绘画基础的素描造型课的基本原理相同。我们所观察到的任何一个自然形态都是由多几何形所构成的,这些大的几何形组成了自然形态的基本骨架,在观察和绘画形象时应从大处着眼,将自然形态的物体加以划分,以几何形化的思维方法来观察分析它,从而便于我们画出它的基本形态。

2. 夸张变形

前面我们谈到的夸张变形是动漫形象设计中最常用的方法,夸张变形是在了解自然形态的结构基础上来进行变形的。夸张变形不是随意的扩大或缩小,而是根据自然形态的内在骨骼结构、肌肉和皮毛的走向变化来进行的。

3. 拟人化的处理

拟人化的处理是动漫形象设计中一个重要的创作方法。在动画形象设计中,对于动物、植物、道具等形象的设计往往采用拟人化的手法进行处理。人可以直立行走,而在形象设计中对动物类角色就是让其直立,像人类一样奔跑跳跃,完全模拟人的动作,再将人类的语言、性格、服饰等赋予这些角色,使它们好像完全是生活在我们周围的朋友。迪士尼的米老鼠、唐老鸭,中国动画里的孙悟空、猪八戒、黑猫警长等都是采用了拟人化的设计手法。在这里有必要提醒初学者的是,动物的拟人化并非只是让动物直立行走或画一个动物的头部再加上人的身体那么简单,在处理身体部位时,还应对照动物原来身体的体貌特征,尽量再现动物体型的原本特点,这样设计出的拟人化形象才会活灵活现、生动有趣。在植物、道具物品等形象的处理上,我们会采取"添加"的手法,这是因为它们不像动物那样本身就有五官和四肢,所以这些东西需要设计者来酌情添加。一棵参天大树通过添加五官、眉毛和胡子,再把树干变形成手臂就会成为一个智慧慈祥的老树精;一个路边的消防栓通过添加五官和四肢可以变成一个生龙活虎的救火战士。总之,设计者应将变形角色的原本形态与人类的外部特征有机结合,最大限度地发挥个人的想象力,完成角色的拟人化处理。

3.3　案例:"小虎"角色形象设计

具体操作步骤如下。

(1) 在制作之前,要清楚知道角色形象设计的方向,在脑海先形成一定的观念。这次角色设计的要求是"虎",如图 3-1 所示的小虎案例样式。

图 3-1　小虎案例

（2）找出大量的参考，并从中找取创作的灵感。要知道，个人的思维容易受到局限，闭门造车是设计的误区，如图 3-2 所示。

图 3-2　各种虎形象的参考

点评：通过参考来获得新的灵感。

（3）为了让接下来的设计更加流畅地进行，在速写本上画出草图是很有必要的，如图 3-3 所示。

点评：通过先画草图来确定大概的形象。

（4）画草图最重要的是保留灵感。细节可以在制作中用软件仔细刻画出来，确定角色如图 3-4 所示。

图 3-3　速写本上确定角色的大概形象

图 3-4　角色初步确定

（5）打开 Flash CS 5.5 软件，建立 fla 文档，开始着手制作。先用钢笔工具画出如图 2-5 所示的不规则椭圆组合，来作为角色的头部。外部轮廓用 2.0mm 的粗实线能起到强调图形的作用，线的颜色值是 R90，G37，B23，如图 3-5 所示。

图 3-5　钢笔工具绘制头部

点评：画出大概形状，然后使用"选择工具"调整路径点至图示。

（6）进行部分的色块填充，作为小虎的毛色纹理。色块的颜色值是 R242，G167，B49，如图 3-6 所示。

图 3-6　色块填充

点评：可以先画出闭合曲线，填充后再删除线以达到图示效果。

（7）可以用笔刷工具给小虎添加毛色的纹理，也可以用粗线，保持效果一致即可，如图 3-7 所示。

图 3-7　添加毛色纹理

（8）用椭圆工具绘制出眼睛形状，用钢笔工具绘制鼻子和嘴巴后再上色。小虎舌头的颜色值是 R240，G101，B128，如图 3-8 所示。

图 3-8 小虎头部完成图

点评：这一步需注意嘴巴轮廓线的宽度不宜过大。

（9）紧接着是绘制身体部分。一切按照先前草图来绘制，如图 3-9 所示。

图 3-9 身体部分的线框绘制

点评：同样需要注意外轮廓线要采用粗线。

（10）身体部分上色要简单许多，不过需注意空间关系，避免出现颜色块混乱现象，如图 3-10 所示。

图 3-10 身体部分的颜色填充

点评：运用空间感把颜色填充上小虎的身体部分。

（11）添加毛色的纹理后，开朗活泼的帅小虎角色形象设计就算初步完成，如图 3-11 所示。

图 3-11　身体部分添加毛色纹理

（12）参照上述步骤，结合空间想象，完成小虎的三视图。至此，帅小虎角色形象才算完成，如图 3-12 所示。

图 3-12　帅小虎三视图

点评：完成三视图后，离小虎"动起来"也不远了

（13）在帅小虎的基础上，还可以衍生出美小虎。在制作美小虎时要注意体现女性的特点，如图 3-13 所示。

图 3-13　美小虎头部

（14）组合身体部分与头的部分，完成美小虎正面图，如图 3-14 所示。

图 3-14 美小虎正面图完成

点评：身体部分，两种小虎并无太多差异。

（15）完成三视图的制作后，美小虎的角色形象设计就大功告成了，如图 3-15 所示。

图 3-15 美小虎三视图

点评：营造角色空间感。

3.4 案例：创作小羊角色形象

此案例的具体操作步骤如下。

（1）依照小虎角色形象的风格，创作小羊的角色形象，如图 3-16 所示。

（2）按照自己的风格绘制出角色的五官，有时一样的五官稍作修改便可以用在新的角色上，如图 3-17 所示。

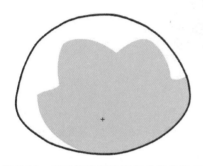

图 3-16   使用钢笔工具画出头部的轮廓

图 3-17   把五官用制作小虎的步骤刻画出来

（3）身体的部分可以参照之前设计好的小虎角色来制作，如图 3-18 所示。

（4）给角色加上手臂，并把两臂分别转换成元件，如图 3-19 所示。

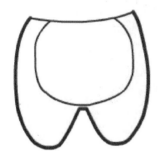

图 3-18   身体部分的线条需要用钢笔工具细致地勾勒

图 3-19   加入手臂效果图

（5）组合头部与身体，角色形象大致成型，如图 3-20 所示。

图 3-20   大致角色形象

（6）制作标志性的羊角，颜色值为 R102，G51，B51，如图 3-21 所示。

图 3-21　羊角

（7）制作过程中可以随时将线条及填充的色块根据自己的喜好进行更改设置，如图 3-22 所示。

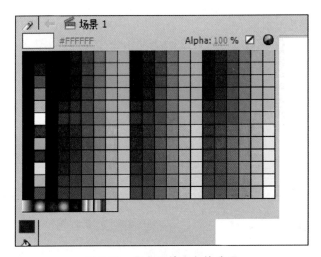

图 3-22　线条及填充色块选项

（8）将羊角部分进行组合，添加适当的纹理后，小羊角色形象设计便初步完成，如图 3-23 所示。

图 3-23　小羊角色形象设计图

【本章小结】

角色形象的制作要求我们熟练操作 Photoshop CS5 和 Flash CS5.5 的"钢笔工具"，这个可塑性很强的手绘工具可以让设计者无须使用手绘板等手绘工具而获得最好的效率。

角色设计时要先有思考的过程，然后寻找大量参照物积累创作灵感，对一些动物的个性进行揣摩，正确表达出角色心情，从而让观者产生共鸣。

能否正确表达角色的个性色彩，有时会直接影响角色制作的效果。为了方便其应用于动画，需要考虑空间观念，并且分别设计出角色的三视图。

【复习思考题】

1. 什么样的表情能表现出乐天的角色性格？悲伤、忧郁的角色性格是怎样的表情呢？

2. 动物的性格特征可以体现于人物上吗？

3. 制作出上示案例中小羊的三视图。

4. 设计并制作出自己风格的"小猪"、"小牛"等角色形象，角色个性自定，无风格限制。

第4章

动态表情制作项目

学习目标

1. 熟悉 Photoshop CS5 的动画窗口,学习动画窗口的功能,了解时间轴窗口,利用关键帧设置动画效果。

2. 设计好每个关键帧对应的静态图片,了解图层和帧的关系,灵活运用图层,以达到更佳的动画效果,利用文字工具、图层样式等功能,优化动态表情的效果。

3. 通过学习本章节,了解移动应用类动态表情的发展以及现阶段的需求,提高学生对动态表情制作的了解,培养学生发散思维与聚合思维相结合的想象力和创造力,使学生能抓住动态表情的本质特征,了解动态表情与真实表情的联系。

4. 把握动态表情的表现技巧,掌握用软件制作动态表情的基本步骤,从而设计出个性化的动态表情。

4.1 动态表情设计 Photoshop 软件合成设置

在日常生活中,人的脸部特征提供了大量可供参考的信息,对于表情的研究因其巨大的应用前景,备受研究者的关注。动态表情是一套人物特色鲜活的卡通图标,这一系列表情能够更加完整地表达用户的差异化需求,覆盖通用表情的表达盲区,同时也体现了用户的个性化。现阶段,文字和符号已经无法满足人们在网络上表情达意的需求,于是更为生动的动态表情开始流行,像人们熟悉的 MSN 和 QQ 表情,微信和飞信等社交软件中的表情等。如今在论坛、博客中,也都充斥着这些表情符号。动态表情之所以流行,就在于它比语言符号更具有直观性,能够在短时间内让对方了解自己的情绪和感受,一定程度上节省了时间,也能让双方有更为便捷的交流过程。

适当运用如 QQ 表情图片,是对文字语言表达情感的重要补充,一张好的 QQ 表情图片瞬间可能被转发成千上万次。不少网友苦恼于下载好的 QQ 表情包内的情景文字都是固定的,缺少展示出个性的表情图片。网络上出现了一种只要在线输入文字就可以根据事先选好的风格生成搭配你自己个性的 QQ 表情的网站,如彩字秀、ziq 等类似的网站,其最大的优势是简便易用,可生成独一无二的个性 QQ 表情。

Photoshop CS5 软件在动态图制作方面有着特有的优势,其自带的动画窗口的功能能够帮助我们快速完成简单的动态图像的制作。下面我们就将在 Photoshop CS5 软件里制作移动类动态表情。

制作小兔子做鬼脸动态图

制作前,根据小兔子做鬼脸的动作,绘制 5 张图,如图 4-1 所示。

图 4-1 绘制鬼脸动作

在制作之前,要清楚真实表情与表情原画设计的联系,因此挑选人物开心和生气这三种表情进行对比,效果如图 4-2 和图 4-3 所示。

图 4-2 人物开心原图与手稿对比图

点评:在保留表情基本特征的同时,可以适当夸张。

图 4-3 人物生气原图与手稿对比图

点评:表情手稿在创作的时候,更应突出表情在视觉上的可识别性。

色彩对于任何创作都非常重要,有时色彩的使用是否正确甚至决定作品的成败。色彩对于动态表情的制作同样重要,动态表情绘制色彩的讲解如图 4-4 所示。

图 4-4　表情原稿上色后的效果图

点评:根据动态表情醒目、可爱的特点,可以为其上腮红以及动物拟人化,为其穿上衣服。

具体操作步骤如下。

(1) 在 Photoshop CS5 打开已上好颜色的表情原稿,如图 4-5 所示。

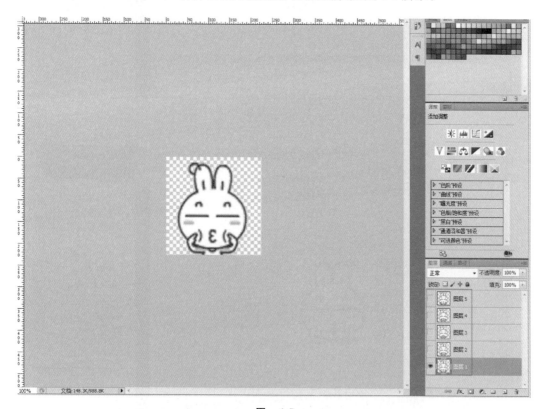

图　4-5

(2) 单击"窗口—动画"按钮,调出 Photoshop CS5 的动画窗口,如图 4-6 所示。

(3) 选中第一帧,单击复制帧按钮,复制四个帧,如图 4-7 所示。

(4) 选中第一帧,开启图层里的图层一,关闭其他图层的"小眼睛",如图 4-8 所示。

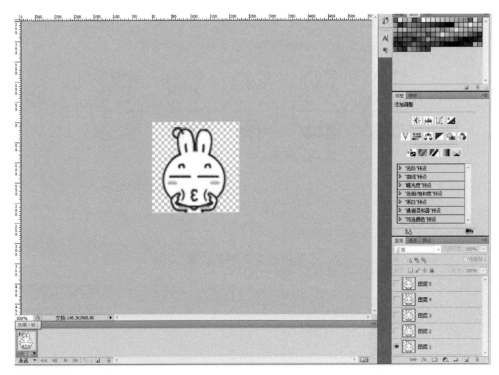

图 4-6

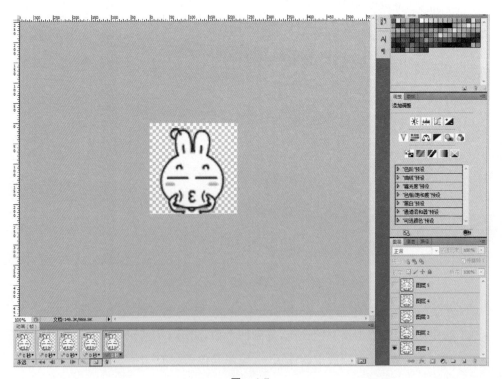

图 4-7

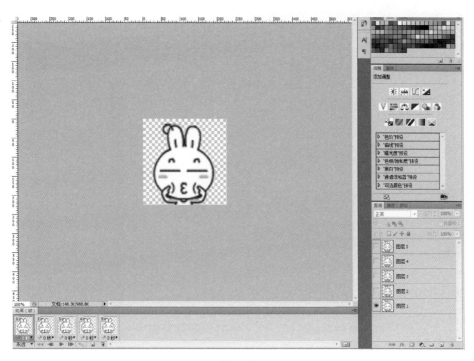

图　4-8

（5）选中第二帧，打开图层 2 的"小眼睛"，关闭其他图层的"小眼睛"，如图 4-9 所示。

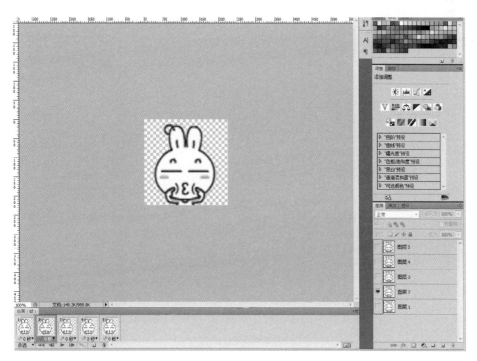

图　4-9

（6）选中第三帧，打开图层 3 的"小眼睛"，关闭其他图层的"小眼睛"，如图 4-10 所示。

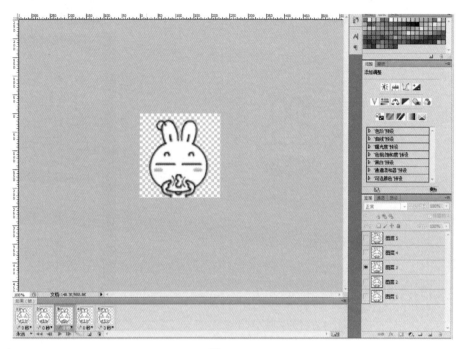

图　4-10

（7）选中第四帧，打开图层 4 的"小眼睛"，关闭其他图层的"小眼睛"，如图 4-11 所示。

图　4-11

（8）选中第五帧，打开图层5的"小眼睛"，关闭其他图层的"小眼睛"，如图4-12所示。

图　4-12

（9）选中第三帧，把其帧延迟时间设置为"0.3秒"，循环模式设置为"永远"，如图4-13所示。

图　4-13

（10）单击菜单栏上的"文件—存储为 web 和设备所用格式"，参数设置如图 4-14 所示，设置完成后单击存储即可。

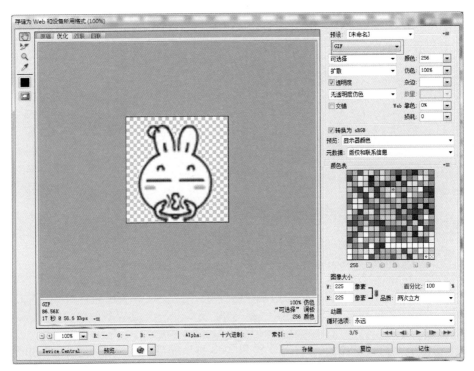

图　4-14

至此，一个小兔子做鬼脸的动态表情图已经完成，我们还可以运用自己的想象力，结合自己的需要，制作更多动态表情。

4.2　制作节日祝福动态图

现在节日祝福的动态图越来越流行，人们越来越重视在节日的时候为亲戚或朋友送上祝福，接下来就制作一个简单的节日祝福的动态图。（这里以中秋节为例）

具体操作步骤如下。

（1）找一张符合节日气氛（中秋节）的素材图，如图 4-15 所示。

（2）将图片导入 Photoshop CS5，并调出软件自带的动画窗口，如图 4-16 所示。

图　4-15

图　4-16

（3）利用文字工具，为背景图添加祝福文字（可自行添加文字样式），如图 4-17 所示。

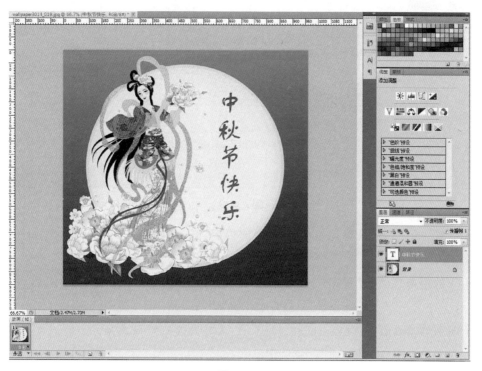

图　4-17

（4）在动画窗口的选项中，选择复制所选帧按钮，复制帧，如图 4-18 所示。

图　4-18

（5）选中第二帧，复制多一层文字，并把它缩小比例或选择移角度，此处以缩小比例为例，如图 4-19 所示。

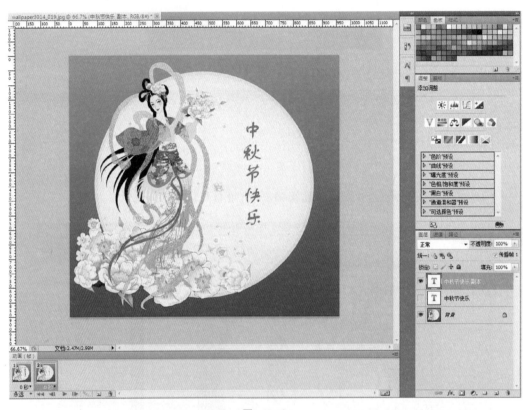

图　4-19

（6）选中第一帧，设置第一帧要显示的内容：显示文字，隐藏文字副本，如图 4-20 所示。

（7）选中第二帧，设置第二帧要显示的内容：隐藏文字，显示文字副本，如图 4-21 所示。

（8）回到动画面板，设置时间和循环次数，参数设置如图 4-22 所示。

（9）导出 GIF 动态图，如图 4-23 所示。

（10）选择适当的数值来控制文件的大小，如图 4-24 所示。

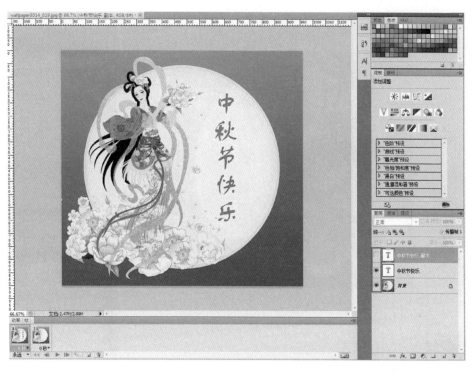

图　4-20

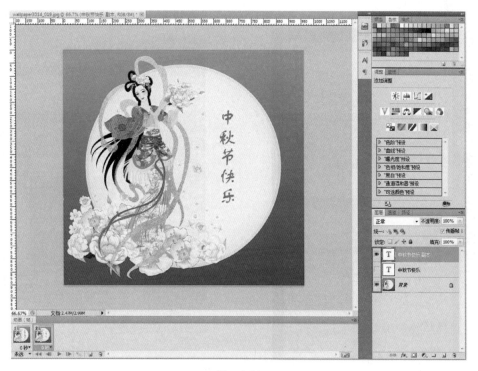

图　4-21

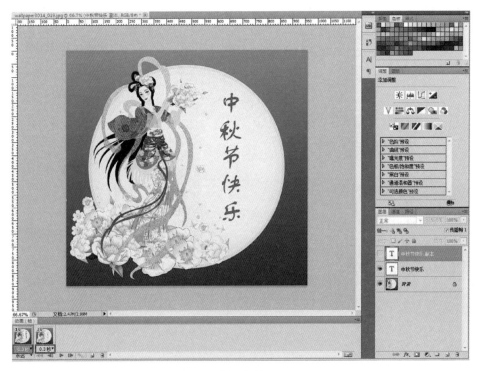

图　4-22

图　4-23

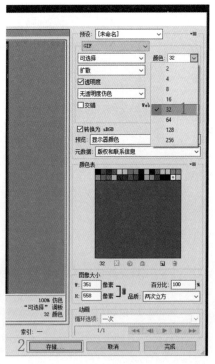

图　4-24

（11）最后选择文件保存位置，命名文件，确定完成，如图 4-25 所示。

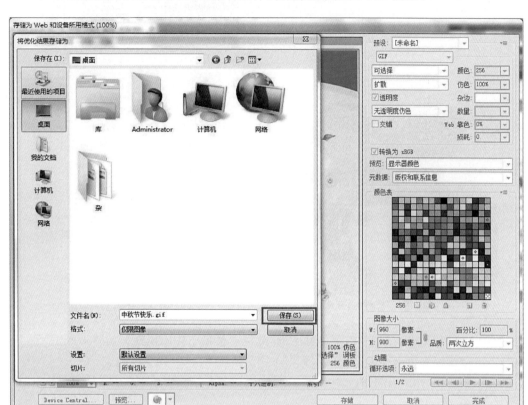

图 4-25

4.3 制作个性闪图

现在的人们特别是年轻人更注重个性，于是具有个性的闪图逐渐流行。我们除了可以利用制作动态表情的方法拓展制作节日祝福的动态图之外，也能利用同样的方法制作个性的动态头像，只是应用效果有些区别。

具体操作步骤如下。

（1）用 Photoshop CS5 打开一张头像图片素材，如图 4-26 所示。

（2）选择背景图层，通过复制得到新图层"背景副本"，如图 4-27 所示。

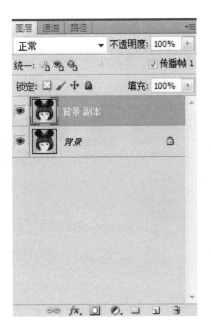

图 4-26　头像素材

图　4-27

（3）选中背景副本层，单击菜单栏上的"滤镜—模糊—径向模糊"，如图 4-28 所示。

（4）模糊参数设置如图 4-29 所示。

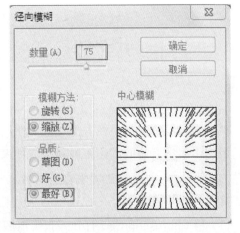

图　4-28

图　4-29

（5）单击菜单栏上的窗口—动画，得到窗口如图4-30所示。

图　4-30

（6）单击动画窗口中的"复制所选贴"按钮得到第二张，如图4-31所示。

图　4-31

（7）回到图层面板，单击背景副本左边的"小眼睛"，隐藏背景副本，如图4-32所示。

图　4-32

（8）回到动画面板"设置时间和循环次数"参数设置如图4-33所示。

图　4-33

（9）单击菜单栏上的"文件—存储为 web 和设备所用格式"，参数设置如图4-34所示,设置完成后单击存储即可。

图　4-34

【本章小结】

1. 动态表情的制作要求我们熟练 Photoshop CS5 的基本功能,在制作的同时提高工作效率。

2. 动态表情的制作要求我们需要了解每一帧对应的各个图层的关系,以达到更好的动画效果,对一些节日表情和事物、动物产生的表情进行制作,掌握表情之间的联系,熟悉制作方法。

3. 动态表情的制作要求掌握动画帧面板的各个参数的设置。了解表情制作的色彩关系,突出表现表情动画的特点,从而提高学生的设计素质及设计表现水平。

【复习思考题】

1. 表情制作的过程中,如何在 Photoshop CS5 中对设置动画方法进行描述?

2. 简述在 Photoshop CS5 中导出表情动画的过程。

3. 制作一套以你的头像为题材的喜、怒、哀、乐的主题动态表情。要求画面设计 100×100 像素,导出文件不能超过 200KB,文件为 GIF 格式。

第 5 章

手机主题制作项目

学习目标

1. 制作手机主题时，应当选取高清素材，以便在手机上显示出最佳效果，因为操作系统和屏幕分辨率的不同，主题壁纸尺寸的千变万化，因此要灵活运用裁剪工具来编辑图像大小。

2. 制作主题时，应提前确定制作主题的风格，以便提高制作时的效率。

3. 制作主题时，应当注意画面构图以及颜色搭配，以达到最佳的视觉效果。

4. 通过学习本章，读者应了解移动应用类主题的发展以及现阶段的需求，提高对移动类主题制作的水平。

5. 培养学生的求知意识和创作能力，使学生了解各种主题的特征，能够熟悉创作移动应用类主题的重点，熟悉手机主题的表现形式，能够掌握用软件制作手机主题的基本步骤。

5.1 手机主题介绍

手机主题的特点类似于 Windows 的主题功能，手机用户通过下载某个自己喜欢的手机主题程序就可以设定好相应的待机图片、屏幕保护程序、铃声以及操作界面和图标等内容。用户可以更快捷方便地将自己心爱的手机实现个性化，在使用时感觉身临其境，而不再只是面对一成不变的手机操作界面、图片和色彩。

1. 简介

手机主题其实就是由很多图片组成的，包括背景以及其他一些图标，可以把背景和图标放在一个系列的文件中，其安装非常简单方便。

2. 智能手机的主题

有些智能手机的主题里，还包括各种音效的设置，例如短信铃声、电话铃声。Windows Mobile 还支持屏幕的插件使用，效果很酷。手机上的壁纸和待机图片究竟有什么区别，手机主题壁纸就是指你手机的背景。不同品牌手机的主题一般不通用，所以各大手机厂商纷纷推出自己的手机应用商店，来满足手机用户个性化的需求。

3. 手机主题的常见分类

目前比较常见的手机主题的类型分为：Symbian6.0 系统手机主题、Linux 系统手机主题、UIQ 系统手机主题、Smartphone 系统手机主题、PPC 系统手机主题、索爱手机主题等，用户将根据自己手机型号的不同来选择适合自己的手机主题。

手机主题决定着手机各种 APP 应用程序的摆放、图标外观和手机屏幕展现的风格，是人机交互的重要体现。美观个性的主题能第一时间吸引用户。随着科技的发展和智能手机的普及，广大用户对于手机主题设计的要求也越来越高。通过在特定网站下载手机主题的方式已经越来越不能满足用户的需求。用户更多地希望自己的手机主题与众不同，个性突出。使用软件自己制作主题，可以最大程度的满足用户的需要。

5.2　手机主题制作

制作主题之前应了解主题壁纸的构图要领，有时画面的版式构图好坏直接决定着作品的质量。下面以图 5-1 所示的 iPhone 手机壁纸为例，讲解手机壁纸的构图要领。

手机壁纸应当选择淡色系或者较为简单纯粹的图片，上面以浅色为主，底部深色，形成对比。

手机壁纸的设置或裁剪应按照"上一下二"或者"上二下一"的原则进行，意思是说上面的部分占 1/3，下面占 2/3（反之亦然）。

手机壁纸的画面构图应当符合人的视觉流程，上下构图较为合理。

图 5-1　iPhone 清新壁纸

点评：壁纸画面构图符合一般手机壁纸的构图规则，使得画面不会使壁纸和桌面图标产生混乱的感觉。

简洁线条型主题制作

1. 创意准备阶段

通过收集所要制作的主题类型素材,如这次所要制作的是一个手机界面主题,对此,将整理相关的素材资料,在这些优秀作品中,学习其优秀之处,寻找创意,如图 5-2 和图 5-3 所示。

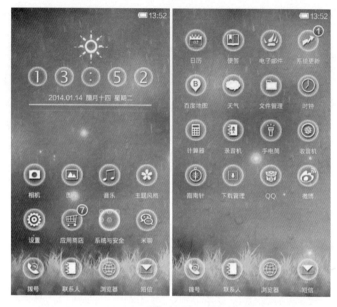

图　5-2

图　5-3

2. 草图绘图阶段

通过"创意准备"阶段后,将通过绘制草图的方法,把自己的创意表现出来。一个好的作品,总是经过多次修改整理而来的,所以,大家要多动手,多画草图,从中选择自己最满意的一个创意来进行创作。

此次制作的主题类型部分草图如图 5-4 至图 5-7 所示。

图 5-4

图 5-5

图 5-6

图 5-7

3. 主题壁纸制作阶段(以华为荣耀 3C 为例)

制作之前需要知道所要创建的 Android 壁纸屏幕的分辨率。为不同 Android 设备准备大小不同的壁纸。大部分壁纸的尺寸与屏幕分辨率相同,按照平台来说明壁纸尺寸会更好理解。

iPhone 平台:640×960——iPhone4、iPhone4S。

1136×640——iPhone5、iPhone5S。

Android 平台:区分为单屏壁纸与划屏壁纸(滚屏壁纸)。

单屏壁纸:屏幕多大壁纸就多大。

480×800——代表机型:三星 9100(S2);HTC G11。

480×854——代表机型:摩托罗拉 XT702(里程碑 2);小米 1。

960×540——代表机型:摩托罗拉 XT788;HTC one S。

960×640——代表机型:魅族 MX。

划屏壁纸(滚屏壁纸):壁纸的宽度=屏幕宽度×2;壁纸高度=屏幕高度。

【实例 5-1】

Photoshop CS5 软件在手机壁纸制作方面拥有一定优势。

下面就在 Photoshop CS5 软件里制作移动类手机壁纸。

具体操作步骤如下。

(1) 在 Photoshop CS5 打开自己所找的符合主题类型的图片,这里以星空为例。

图 5-8

（2）选择"矩形选框工具"，设置样式为"固定大小"，按照"华为 3C"的屏幕分辨率，设置为"720px×1280px"，如图 5-9 所示。

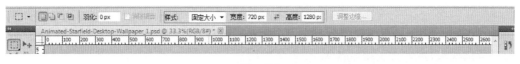

图 5-9

（3）选择自己需要的部分，右击，在弹出的快捷菜单中选择"通过拷贝的图层"命令，来选取所选择的区域，如图 5-10 所示。

（4）关闭背景层前面的"小眼睛"，通过裁剪工具，把所选择的部分进行裁剪，如图 5-11所示。

（5）打开背景层的图层，可以选择删掉背景层或者合并两个图层，如图 5-12 所示。

（6）选择"文件—存储为"命令，存储裁剪好的壁纸，如图 5-13 和图 5-14 所示，完成主题壁纸的制作。

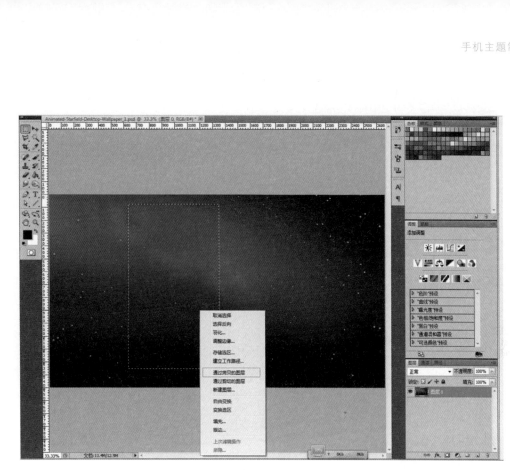

图　5-10

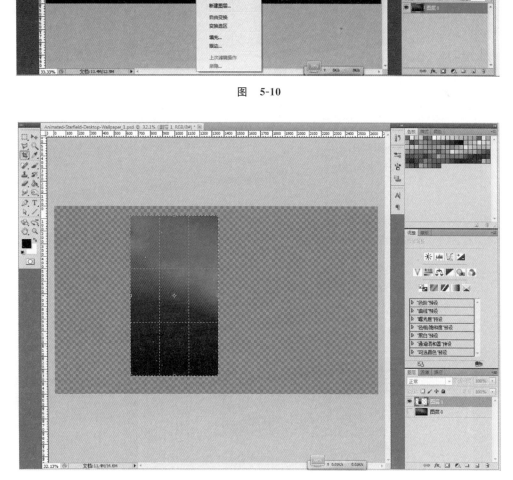

图　5-11

图 5-12

图 5-13

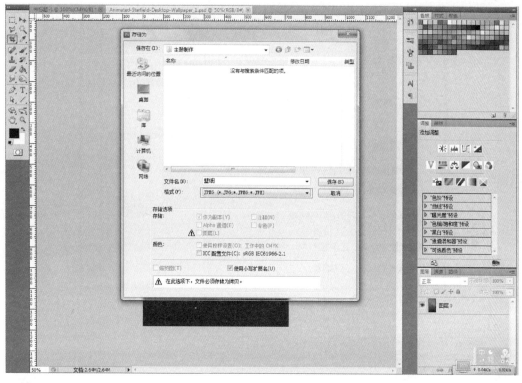

图　5-14

4. 主题图标制作阶段

Photoshop CS5 软件在手机主题图标的制作方面也有其特有的优势，"钢笔工具"能画出我们想要的图案，自带的"样式"功能也能快速为图标添加特殊效果，下面就在 Photoshop CS5 软件里进行主题图标的制作。

以"地图"图标制作为例，具体操作步骤如下。

（1）新建文件，如图 5-15 和图 5-16 所示。

（2）根据前期所画的"地图"草图，选择一个自己喜欢的进行制作。运用"钢笔工具"，画出想要的图形，如图 5-17 所示。

（3）转到"路径"面板，如图 5-18 所示，把所做的路径保存，方便后续的应用。

（4）选中背景层，填充黑色，再新建图层 1，如图 5-19 所示。

（5）选中图层 1，运用圆角矩形工具，设置圆角半径为"20px"，前景色为白色，绘制一个圆角矩形，如图 5-20 所示。

（6）选中图层 1，把该图层的不透明度改为"40％"，如图 5-21 所示。

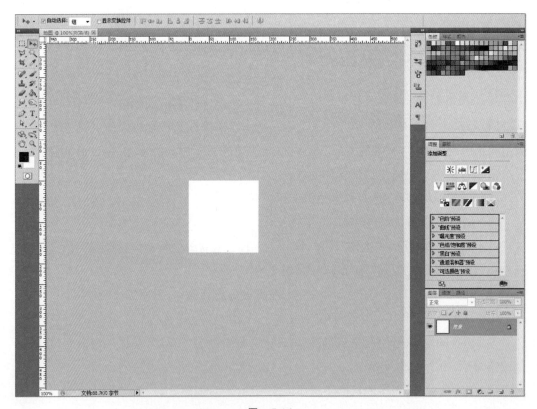

图　5-15

图　5-16

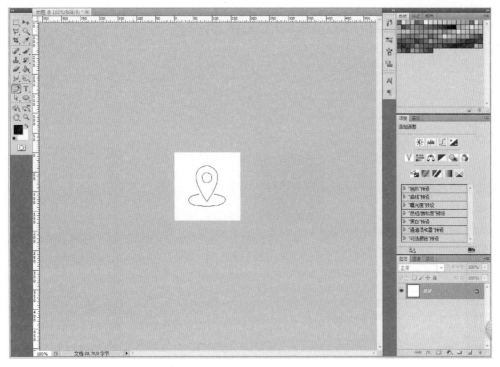

图 5-17

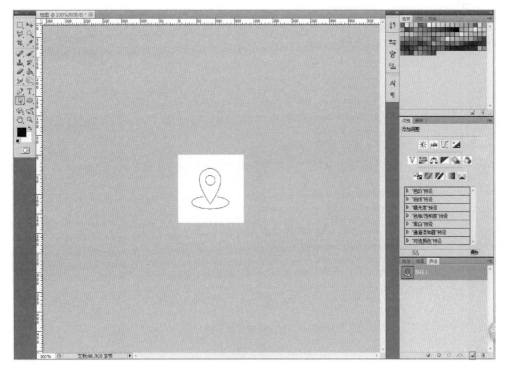

图 5-18

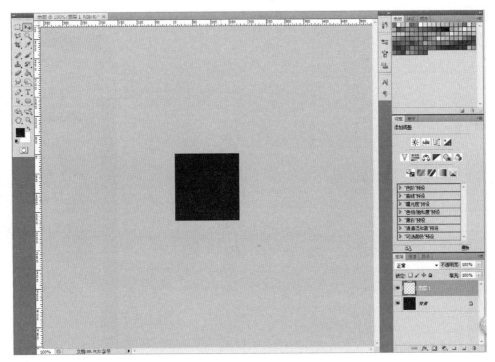

图 5-19

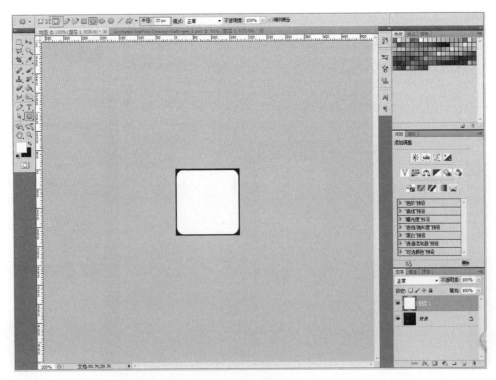

图 5-20

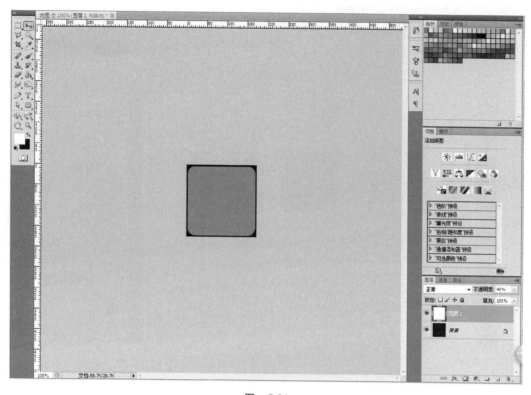

图　5-21

（7）新建图层 2，载入图层 1 选区，执行"编辑—描边"命令，参数设置如图 5-22 所示，效果如图 5-23 所示。

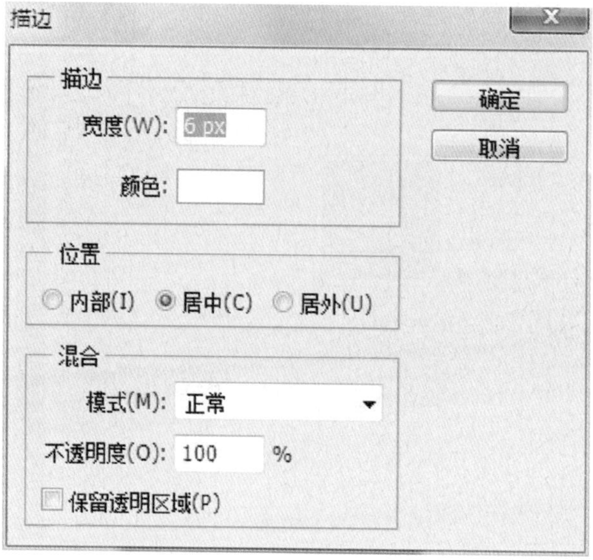

图　5-22

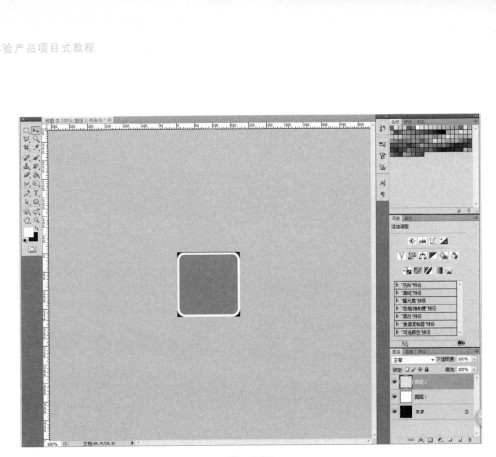

图　5-23

（8）新建图层 3，转到路径面板，选中路径 1，如图 5-24 和图 5-25 所示。

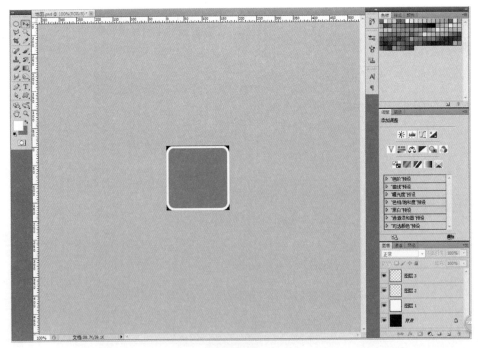

图　5-24

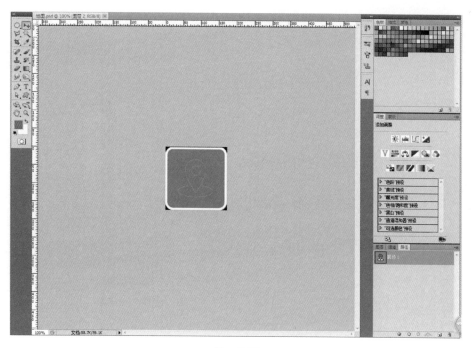

图　5-25

（9）选择画笔工具，参数如图 5-26 所示，单击路径面板的"用画笔描边路径"按钮，用画笔描边，如图 5-27 所示。

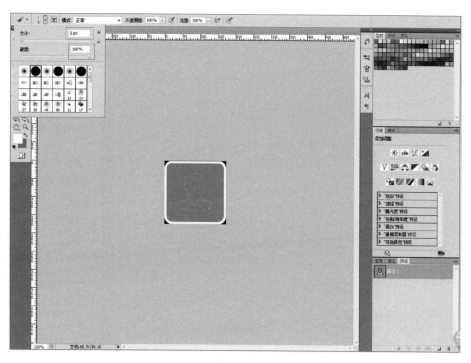

图　5-26

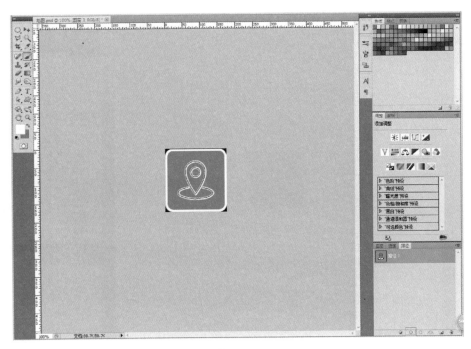

图　5-27

（10）返回图层面板，删除背景层，把文件存储为"PNG"格式图像，选择文件存储位置，完成"地图"图标的制作，如图 5-28 和图 5-29 所示。

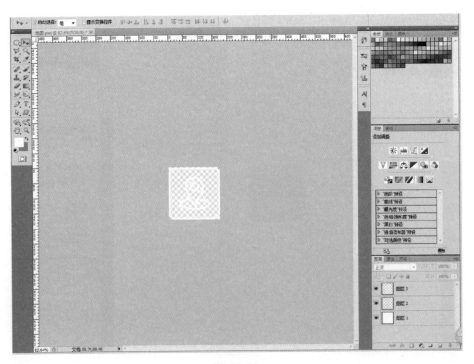

图　5-28

图 5-29

下面以"日历"图标制作为例,具体操作步骤如下。

(1) 新建文件,如图 5-30 和图 5-31 所示。

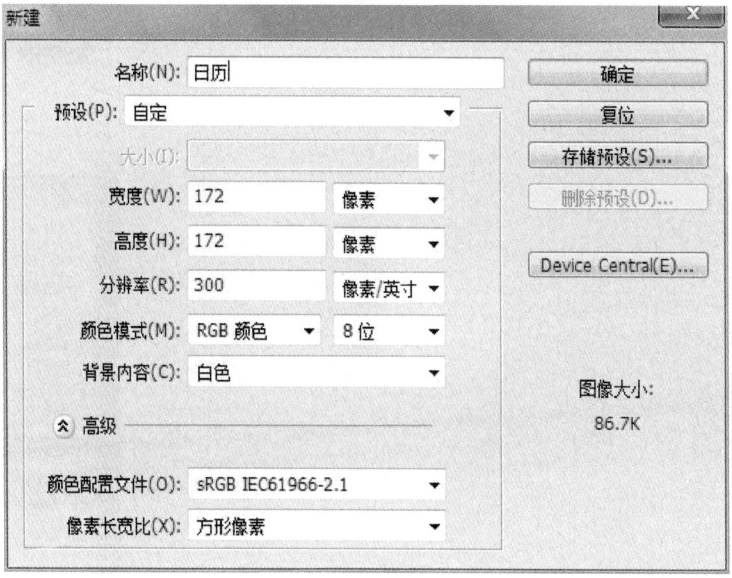

图 5-30

图　5-31

（2）根据前期所画的"日历"草图，选择一个自己喜欢的进行制作。运用"钢笔工具"，画出需要的路径，如图 5-32 至图 5-36 所示。

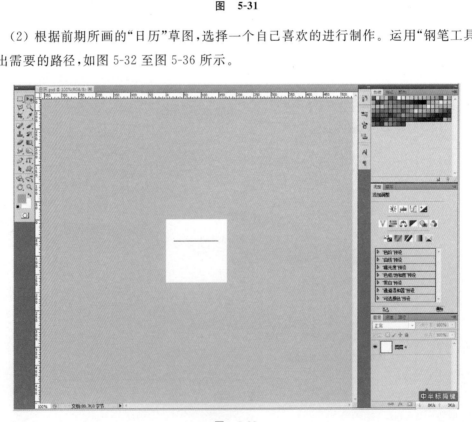

图　5-32

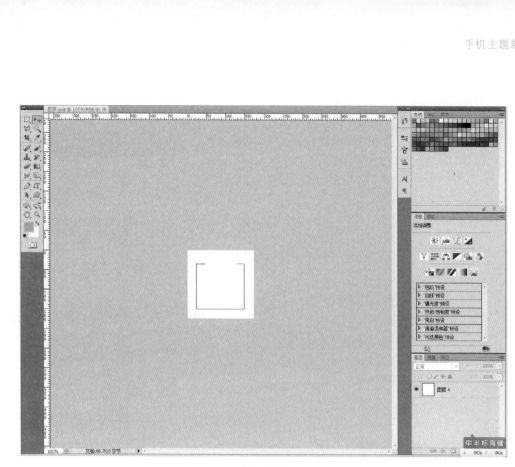

图 5-33

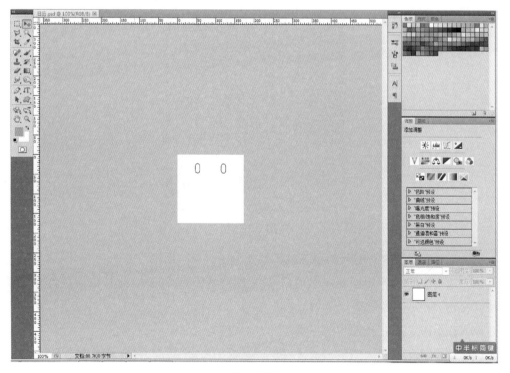

图 5-34

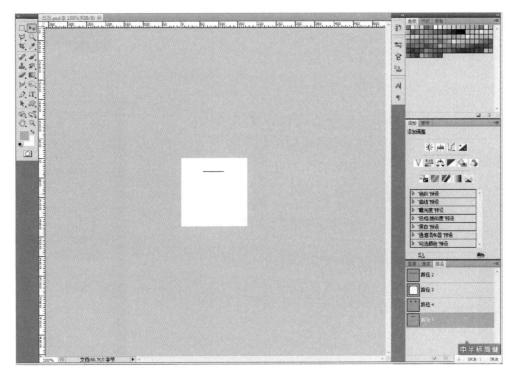

图 5-35

图 5-36

（3）选中背景层，填充黑色，再新建图层 1，如图 5-37 所示。

（4）选中图层 1，运用圆角矩形工具，设置圆角半径为"20px"，前景色为白色，绘制一个圆角矩形，如图 5-38 所示。

（5）选中图层 1，把该图层的不透明度改为"40％"，如图 5-39 所示。

（6）新建图层 2，载入图层 1 选区，执行"编辑—描边"命令，参数设置如图 5-40 所示，效果如图 5-41 所示。

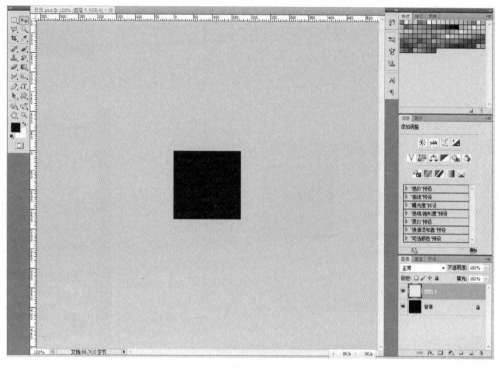

图 5-37

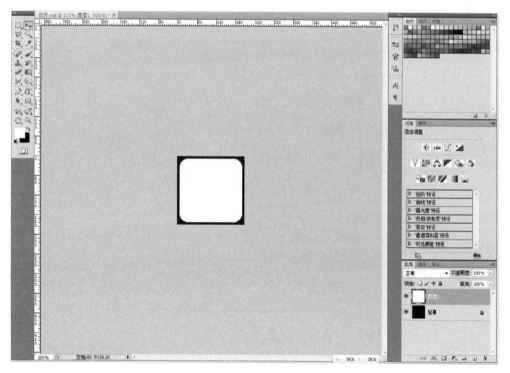

图 5-38

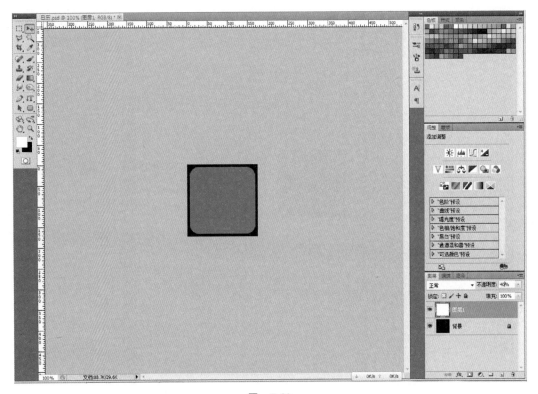

图　5-39

图　5-40

（7）新建图层3，转到路径面板，依次选中路径，选择画笔工具，参数如图5-42所示，单击路径面板的"用画笔描边路径"按钮，用画笔描边，如图5-43所示。

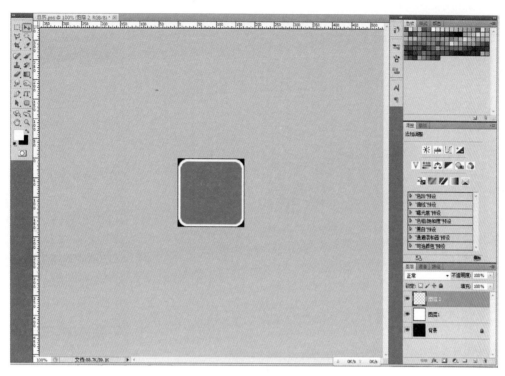

图 5-41

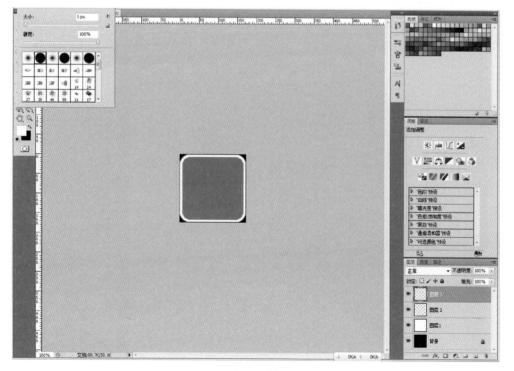

图 5-42

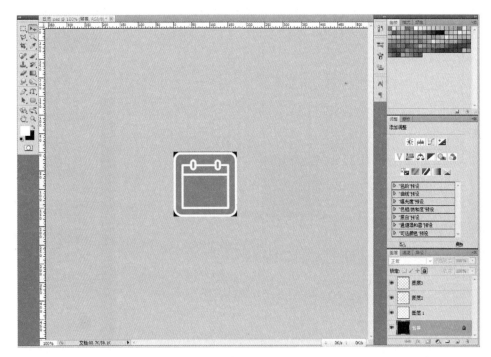

图　5-43

（8）选择合适的字体以及大小，并标明数字，如图 5-44 所示。

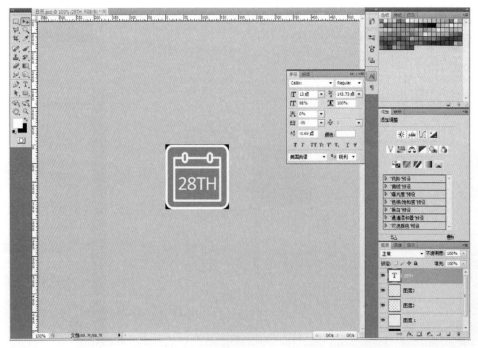

图　5-44

（9）返回图层面板，删除背景层，把文件存储为"PNG"格式图像，选择文件存储位置，完成"日历"图标的制作，如图 5-45 和图 5-46 所示。

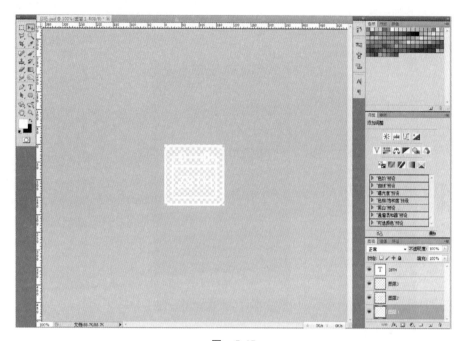

图　5-45

图　5-46

根据制作"地图"和"日历"图标的方法,我们可以制作出其他图标,再把图标放置于之前已经完成的壁纸上,效果如图 5-47 所示。

图　5-47

制作好的主题壁纸以及图标是不能直接在手机上应用的,必须转换成主题格式,因此我们还需借助其他软件进行转换。

5.3　制作立体"设置"图标

手机主题的图标多种多样,除了上述所讲的平面类的,也有一些是立体类的图标,下面就让我们一起来学习立体图标的制作方法。

具体操作步骤如下。

（1）打开 Photoshop 软件，新建文件夹，参数如图 5-48 所示。

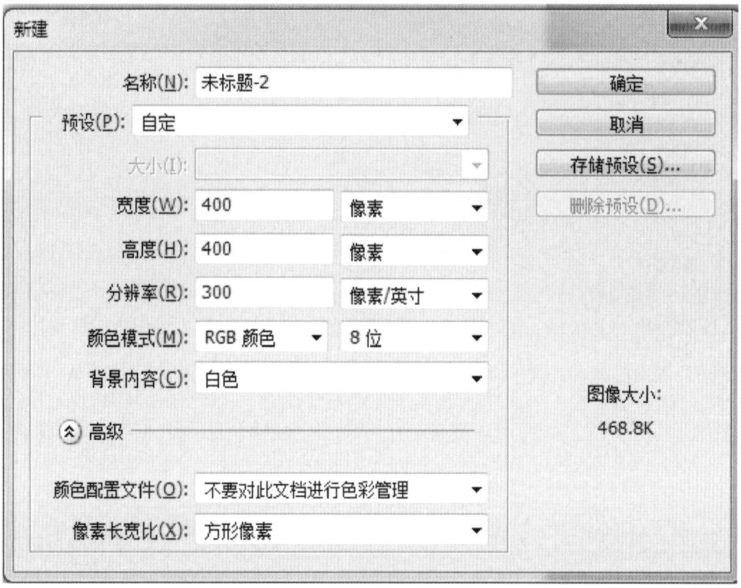

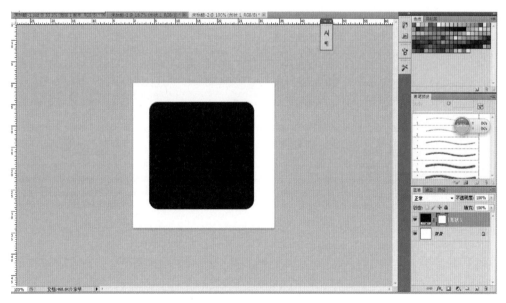

图　5-48

（2）使用圆角矩形工具，设置半径为"25px"，按住 Shift＋Alt 组合键绘制出一个圆角矩形，如图 5-49 所示。

图　5-49

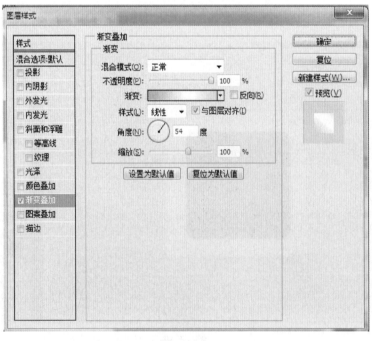

然后为圆角矩形添加图层样式,如图 5-50 所示。

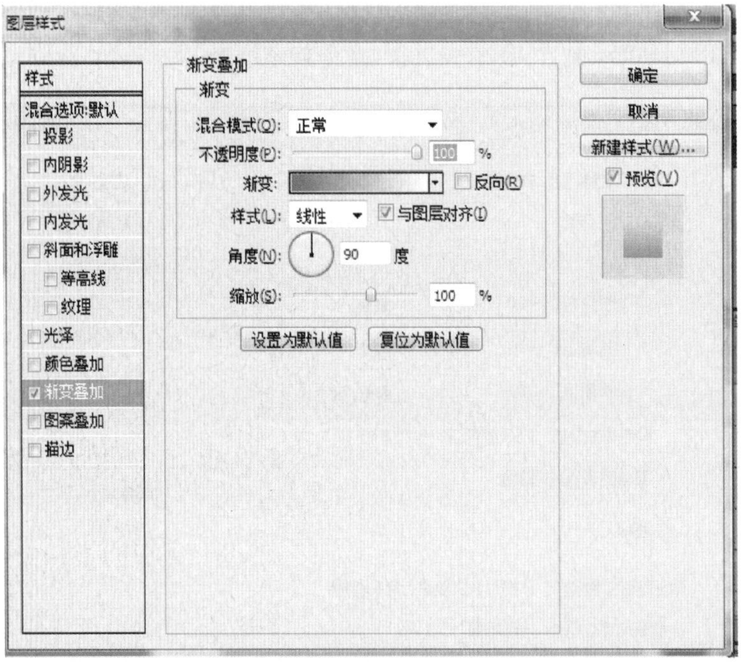

图　5-50

（3）按 Ctrl＋J 复制圆角矩形并得到副本,将新图层的图层样式修改如图 5-51 所示。

图　5-51

按 Ctrl＋T 对副本进行变换调整,如图 5-52 所示。

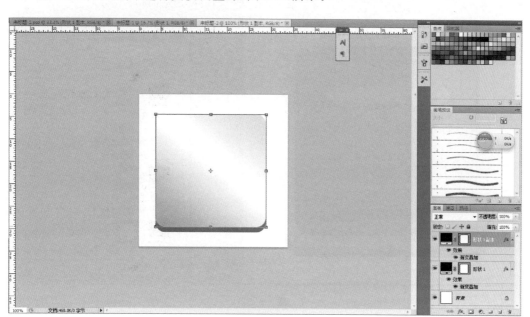

图　5-52

(4) 继续按 Ctrl＋J 复制副本,得到副本 2,并按 Ctrl＋T 进行变换处理,更改其渐变样式为颜色♯85c5f6 与♯1b588c 的双色渐变,如图 5-53 所示。

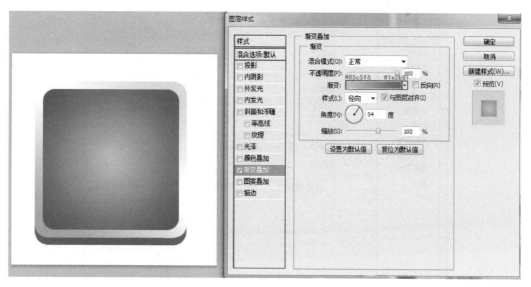

图　5-53

(5) 单击圆角矩形工具,绘制图形,并添加图层样式,制作类似凹槽的效果,如图 5-54所示。

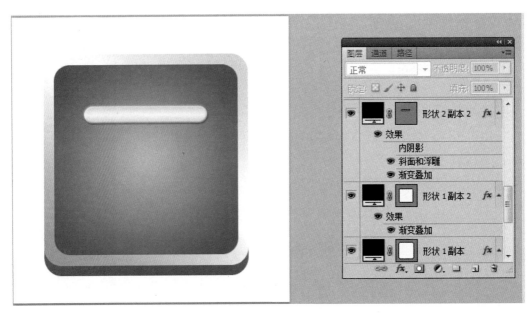

图　5-54

添加图层样式,如图 5-55 所示。

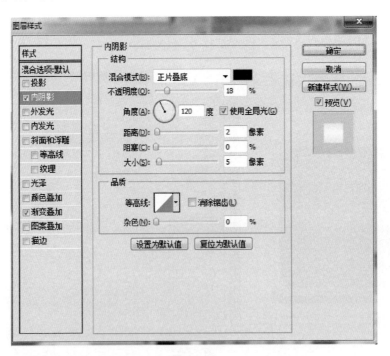

图　5-55

渐变叠加颜色为前区♯c4e1f8、中区♯fcfcfc 和后区♯c5e2f8,如图 5-56 所示。

(6) 复制凹槽图层,修改其大小和图层样式,呈现如图 5-57 所示的效果。

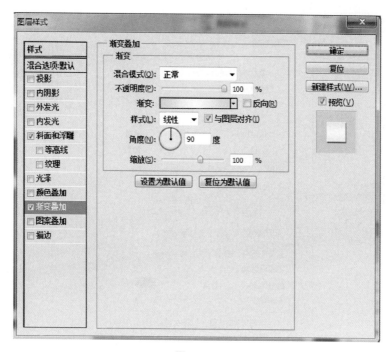

图　5-56

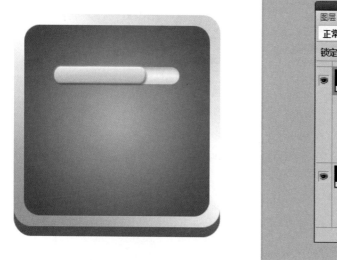
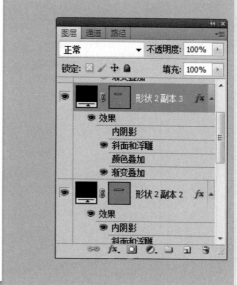

图　5-57

图层样式参数如图 5-58 和图 5-59 所示。

（7）新建图层，使用椭圆工具按住 Alt＋Shift 键绘制正圆，并为其添加图层样式"投影"和"渐变叠加"制作金属按钮。具体参数如图 5-60 和图 5-61 所示。

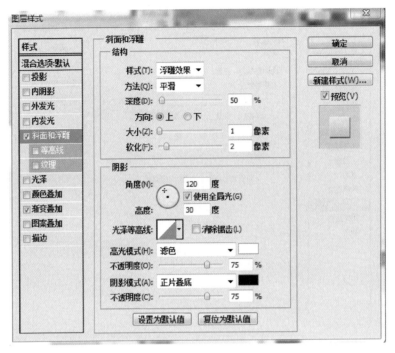

图 5-58

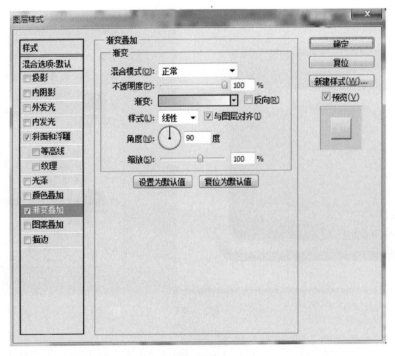

图 5-59

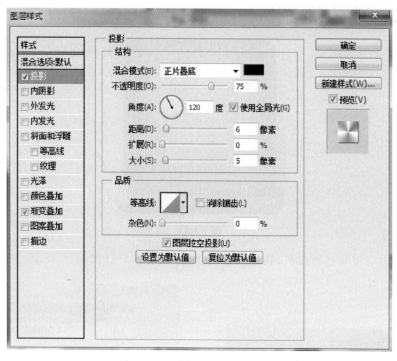

图　5-60

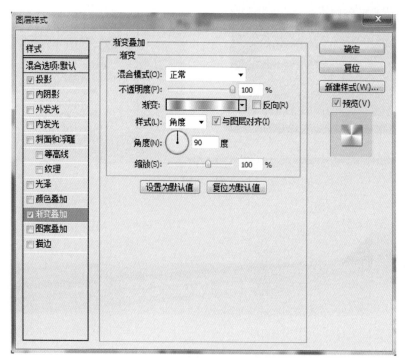

图　5-61

（8）调整金属按钮的大小和位置，如图 5-62 所示。

图　5-62

（9）复制凹槽和金属按钮，调整位置，最终效果如图 5-63 所示。

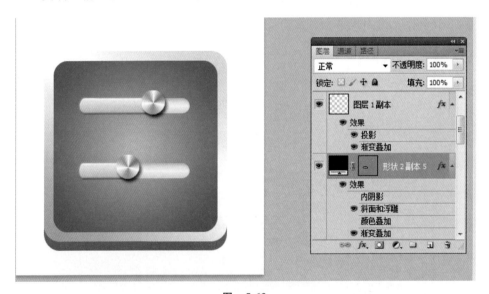

图　5-63

5.4　制作立体"设置"图标

制作立体"设置"图标具体操作步骤如下。

（1）打开 photoshop，新建文件，如图 5-64 所示。

图　5-64

（2）设置前景色为白色，单击圆角矩形工具，半径设为"35px"，绘制一个圆角矩形，为了方便工作，可以将图像背景设置为蓝色渐变，如图 5-65 所示。

图　5-65

（3）为圆角矩形添加图层样式，如图 5-66 至图 5-71 所示。

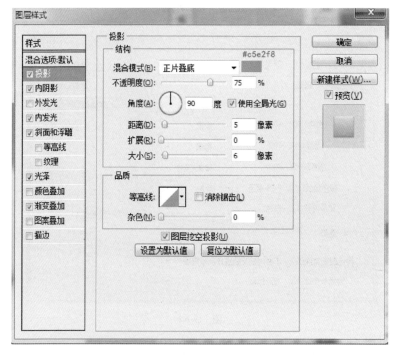

图 5-66

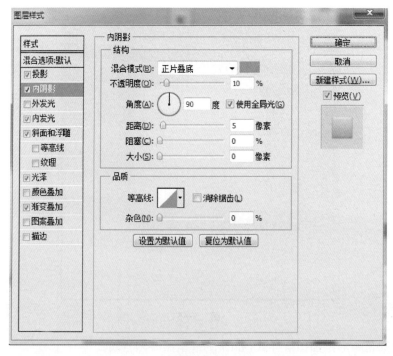

图 5-67

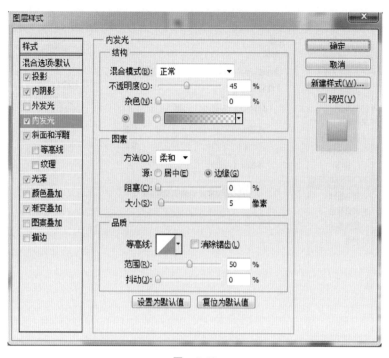

图　5-68

图　5-69

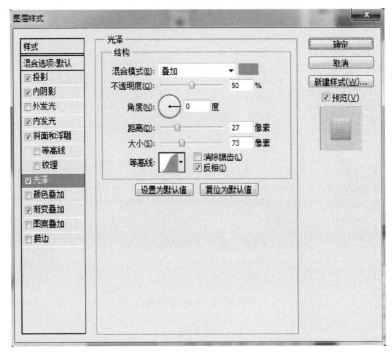

图　5-70

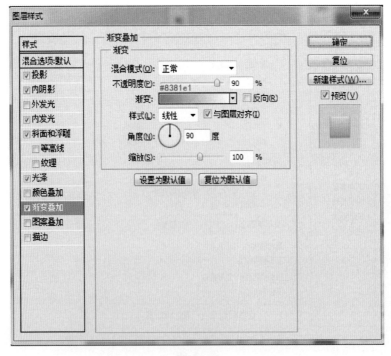

图　5-71

（4）复制形状 1 图层，修改其图层样式，如图 5-72 至图 5-74 所示。

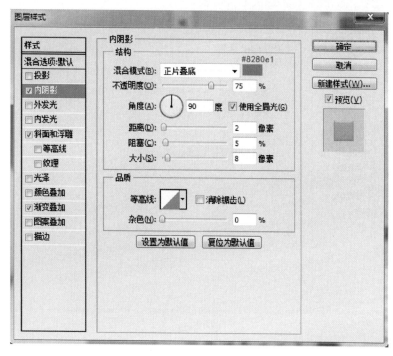

图　5-72

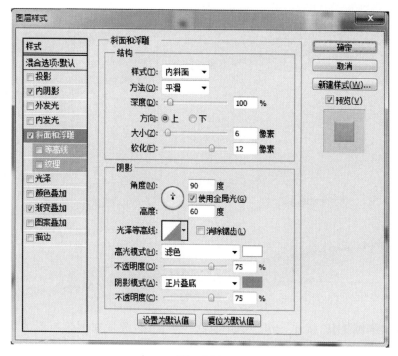

图　5-73

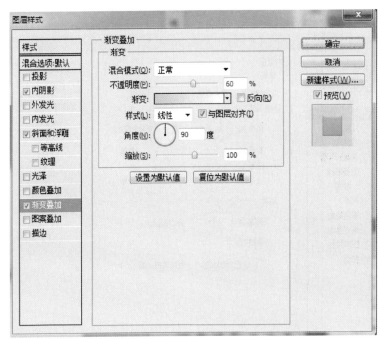

图 5-74

（5）按 Ctrl＋T 调整形状 1 副本图层，如图 5-75 所示。

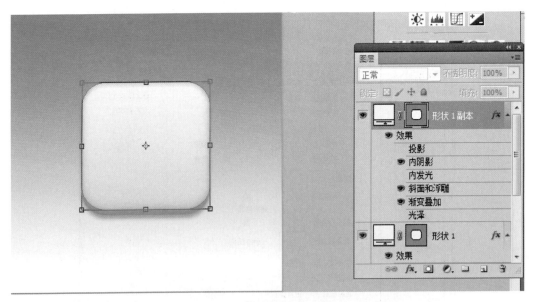

图 5-75

（6）单击椭圆工具，按住 Shift＋Alt 绘制一个正圆，放置在圆角矩形的正中央，修改图层样式，如图 5-76 至图 5-78 所示。

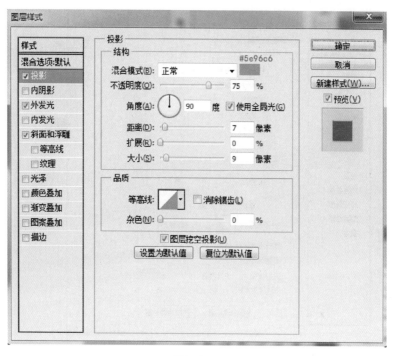

图 5-76

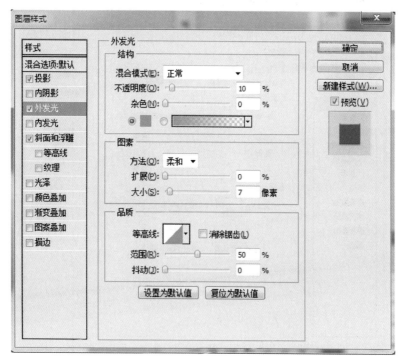

图 5-77

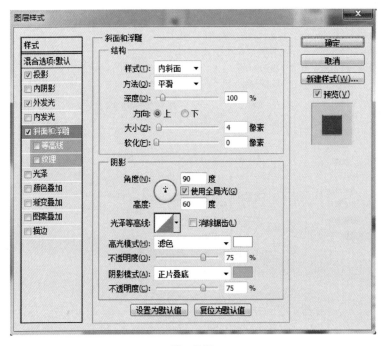

图　5-78

（7）单击椭圆工具，再次绘制一个略小的椭圆，修改图层样式如图 5-79 所示。

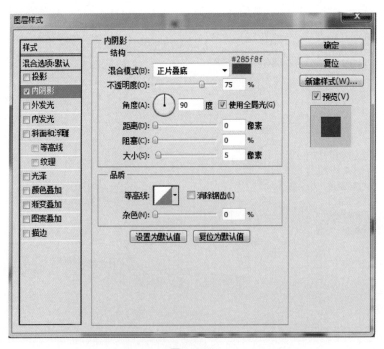

图　5-79

效果如图 5-80 所示。

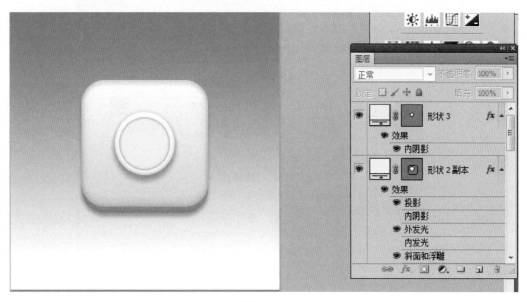

图 5-80

（8）再次绘制一个略小的正圆，修改其颜色为黑色，如图 5-81 所示。

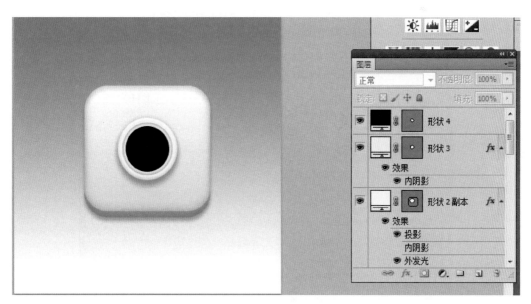

图 5-81

（9）复制形状 4 图层，得到副本，添加图层样式，如图 5-82 和图 5-83 所示。

（10）按 Ctrl＋T 将副本图层略微同比缩小，在相同位置修改其颜色为#38424c，如图 5-84 所示。

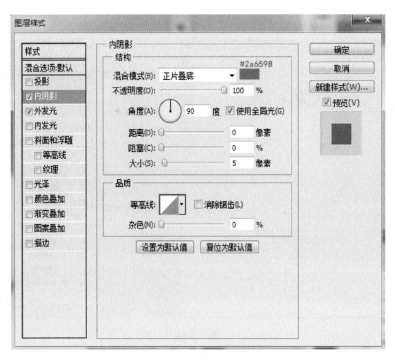

图 5-82

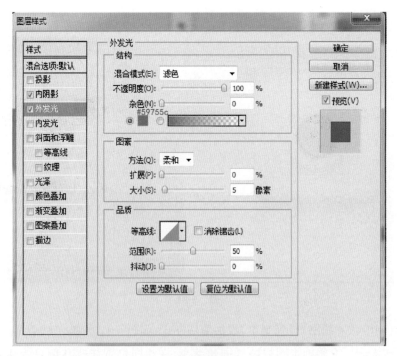

图 5-83

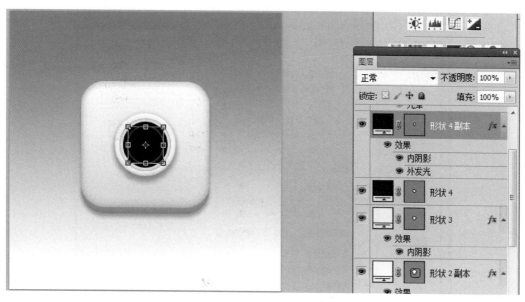

图 5-84

(11) 复制图层 4 副本图层,得到副本 2。修改其图层样式,如图 5-85 至图 5-88
所示。

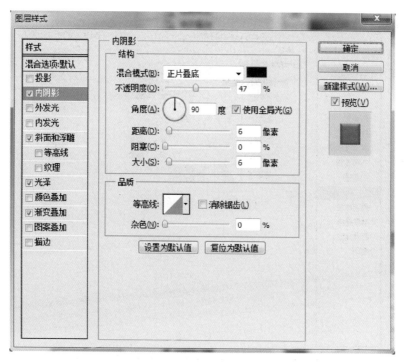

图 5-85

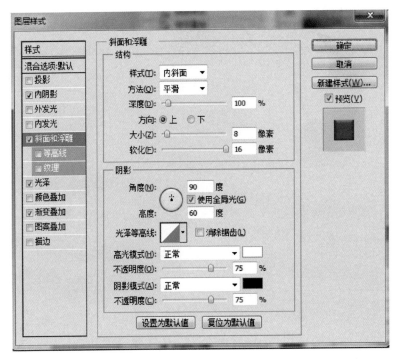

图 5-86

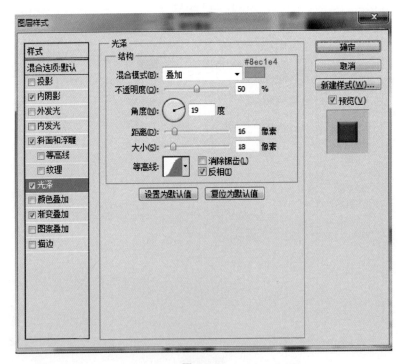

图 5-87

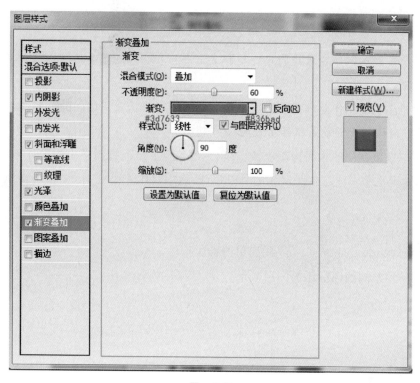

图　5-88

（12）最后再使用 CTRL＋T 将图层缩小一下，得到最后效果如图 5-89 所示。

图　5-89

【本章小结】

1. 手机主题的制作要求我们熟练掌握 Photoshop CS5 的基本功能,在制作的同时提高工作效率。

2. 手机主题的制作要求我们需要了解图标构图与显示效果之间的关系,以达到图标和主题壁纸最佳的视觉效果和显示效果。

3. 掌握壁纸制作的画面构图规律,突出主题特点。从而提高学生的设计素质以及设计的艺术表现水平。注意主题整体的风格色调,熟悉制作流程。

【复习思考题】

1. 如何在 Photoshop CS5 绘制简单图标?

2. 如何给绘制的图标添加图层效果?

第6章

手机彩信制作项目

学习目标

1. 熟悉 Photoshop CS5 的动画窗口,学习动画窗口的功能。

2. 了解软件中图层和关键帧的关系,并利用关键帧设置动画效果。

3. 了解彩信的制作规范以及色彩的搭配应用。

6.1 彩信的介绍

6.1.1 彩信的特点

彩信最大的特色和功能在于其支持多媒体的功能,可以传递更多更全面的信息,这些信息除了基本的文字之外,还有丰富多彩的图片、动画和声音等多媒体格式的信息。由于这些图片、动画等信息,使得彩信对用户更具吸引力。

1. 彩信业务

彩信(英文全称 Multimedia Messaging Service,简称 MMS,即多媒体信息),是一种既可以传送文字信息,又可以传送包括图像、声音、文本、动画等多媒体信息的通讯服务。目前提供终端与终端之间、终端与邮箱之间、终端与应用之间的三种信息传送业务形式。彩信根据终端支持的不同情况,能够发送或接收一定容量的多媒体信息,目前最大支持 300KB,个别终端支持 30KB～50KB 不等。彩信可随时通过手机到手机、手机到互联网、互联网到手机等方式进行多媒体信息传送。

2. 功能特色

(1) 即拍即发:彩信业务与带有摄像头的彩信手机相结合,可以提供即时拍照、即时传送的信息服务,让您能在第一时间与亲朋好友分享精彩、动人的时刻。

(2) 提供各种多媒体形式的信息服务:彩信业务与互联网服务结合,可以提供来自互联网的诸如图片新闻、卡通漫画、声像贺卡、动画游戏等各种多媒体形式的信息服务。

(3) 多种业务形式:彩信有手机到手机、手机到应用、手机到邮箱三种业务形式。

（4）超大容量：GSM 网络的每条彩信最大容量可以达到 100K，TD 网络的 3G 增强彩信最大容量可以达到 300K。

6.1.2　彩信的业务资费详解

1. 网内点对点彩信、邮箱彩信

客户发送收取 0.3～0.6 元/条，接收免费。

2. 网间点对点彩信

客户发送 0.6 元/条，接收免费。

3. 国际点对点彩信

（1）中国移动客户在国内发送点对点彩信至中国大陆以外地区运营商客户，每条 1.5 元，接收彩信免费。

（2）中国移动客户漫游至国外发送点对点彩信：按"国际漫游出访统一 GPRS 资费标准"＋"国内现行彩信资费标准"收取。

（3）国际来访客户发送彩信：按 0.1 元人民币/KB 的 GPRS 流量费计费，不再收取其他费用。

4. 梦网彩信

发送按照国内点对点彩信通信费标准收取，接收收取信息服务费，具体信息服务费资费标准由 SP 确定。

6.1.3　彩信优势

1. 彩信广告覆盖面广，直接面对具有消费能力的用户群体

目前最新的统计数据显示我国移动电话用户已达 4 亿，移动电话普及率达到每百人 30 部，彩信手机用户近 1 亿，随着手机的更新换代，彩信手机进一步普及，用户将越来越多，与传统媒体的多选择性所造成的低收率、不可预计性相比，具有无可比拟的覆盖频率高、覆盖面大的先天优势。

2. 彩信广告是一种全新的媒体传播形式，时尚新颖

到达率高，时效性强，具有 100％的阅读率，彩信广告发送成功后，用户即使当时无暇查看，空闲后都会进行浏览，比一闪而过的电视广告、浩如烟海的报纸广告等具有更大的优势。对于制作精美的彩信广告用户还会将其保存甚至转发给有需要的亲朋好友查阅，能起到长远的社会效益。

3. 精确锁定消费者

彩信广告的接收者是最具消费力一族的中高收入彩信手机持有者,愿意接受新生事物,它是商家一对一营销诉求的最佳方式,精确锁定消费者,发布时间灵活,不用提前排期,可定额定向定条发送给目标客户,使广告投入更为直接高效。

4. 彩信广告费用低廉

发送至 100 万客户并且百分百接受信息也仅需几万元,比传统广告投入成本低几倍甚至几十倍,具有较高的性价比。

5. 彩信群发广告内容丰富

一个彩信可以容纳上万个字符并能图文并茂的将广告展示在客户的面前,与传统的文字短信广告相比有着无可比拟的优势。

6.2 制作简单的祝福语彩信

制作之前,先要确定一个简单的彩信祝福语,由于这是一个以"祝福"为主题的彩信,所以在制作的时候所采用的图片,其色彩不可过于暗淡,可参照如图 6-1 和图 6-2 彩信中所使用的色彩搭配以及文字的排版。

图 6-1

图 6-2

在制作前,要找好素材,以及构图文字与图片的排版,并使用 Photoshop 软件制作出自己所想要的效果。在做好这些准备工作后,就可以打开软件 DIY 制作出想要的彩信了。

6.3 制作祝福语彩信

制作祝福彩信的具操作步骤如下。

(1) 打开所找好的素材图片,如图 6-3 所示。

(2) 适当移动或放大某几个局部,或添加装饰,如图 6-4 所示。

图 6-3　素材图

图　6-4

(3) 添加所需的文字,如图 6-5 所示。

(4) 添加文字样式,如图 6-6 所示。

(5) 复制多一层文字并放大或选择一个旋转角度,如图 6-7 所示。

(6) 设计好每帧的时间,如图 6-8 所示。

图　6-5

图　6-6

图　6-7

图　6-8

（7）导出 GIF，如图 6-9 所示。

（8）选择适当的数值来控制文件的大小，如图 6-10 所示。

图　6-9

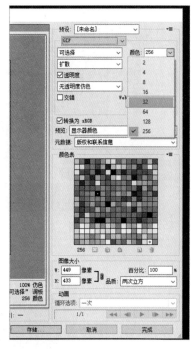

图　6-10

（9）最后确认保存，这样就完成了整个制作过程，如图 6-11 和图 6-12 所示。

图　6-11

图 6-12

通过以上所学的方法，可以利用这些制作的技巧，制作更多有趣的节日祝福或者其他彩信动态图，如图 6-13 和图 6-14 所示，下载并添加一些装饰性的动态素材，如元宝从天而降、星星闪闪发光等，使其更加富有趣味。

图 6-13

图 6-14

【本章小结】

1. 彩信的制作要求我们熟练掌握 Photoshop CS5 的基本功能，特别是对动画设置、关键帧的了解。

2. 彩信的制作要求我们对色彩的搭配和文字的排版要有所熟知。

3. 了解彩信的制作规范：

彩信的图片尺寸：220×240。

每条彩信图片小于 40KB 的容量。

彩信采用 ≥ 2 帧的 GIF 动态图。

彩信图片内容需清晰无失真。

【复习思考题】

通过学习制作彩信，请扩展思维，设计一个小情节、小角色或者特定的节目，DIY 制作一些带有故事性或者搞笑性的彩信。

第 **7** 章

彩漫制作 DIY 设置要求

学习目标

1. 熟悉 Photoshop CS5 的动画窗口，并掌握关键帧的使用。
2. 熟练画笔工具以及图层样式的操作技巧。

7.1 制作简单的可爱彩漫

正如大家所了解的，彩漫是属于彩信的，顾名思义，彩漫是一种具有动漫元素的彩信，它是以动漫元素为主体的一种动态彩信。这类彩信，更为注重情节性，而在人物形象的选定上，则以卡通动漫形象为主。

在制作彩漫前，需先分析一下彩漫的色彩应用。制作一个受众喜爱的彩漫，除了需要一个优秀的角色，同时也需要有好的色彩进行合理搭配。下面通过彩漫素材(图 7-1 至图 7-3)，来介绍如何灵活地应用色彩。

图 7-1

图 7-2

图 7-3

从图中可以发现,这些彩漫大都是以红色、绿色、黄色等为主色调,这几种颜色都是属于明度和纯度较高的明亮色彩,这就使得彩漫显得活跃欢乐,夺人眼球,给用户带来一种喜悦的心情。因此,在制作彩漫或者彩信时,要多采用红色、黄色等比较欢快的明亮色调,不可过多使用黑色、灰色等暗色调。对于文字的色彩,在相对于背景等其他色彩的应用上,要使其颜色较突出、显眼。

彩漫的制作和彩信的制作是类似的,但区别在于彩漫在制作前是需分层逐帧绘制的,这在技能方面相对于彩信的制作,要求有所提高。

7.2 实例:制作简单的可爱彩漫

具体操作步骤如下。

(1) 分层逐帧彩漫绘制所设计的线稿,包括角色、装饰等,如图 7-4 和图 7-5 所示。

图 7-4

(2) 分层上色,如图 7-6 和图 7-7 所示。

(3) 添加所需的文字,如图 7-8 所示。

(4) 添加文字样式,如图 7-9 所示。

(5) 复制多一层文字,缩放或选择一个旋转角度,如图 7-10 所示。

(6) 设计好每帧的时间,如图 7-11 和图 7-12 所示。

图　7-5

图　7-6

图　7-7

图　7-8

图　7-9

图 7-10

图 7-11

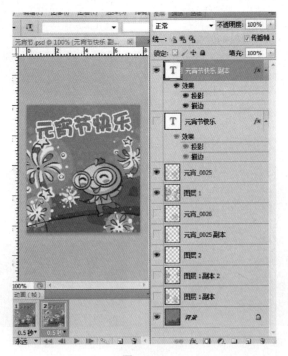

图 7-12

（7）导出 GIF 设置，如图 7-13 所示。

图　7-13

（8）选择适当的数值来控制文件的大小，如图 7-14 所示。

图　7-14

（9）最后确认保存并完成制作，如图 7-15 所示。

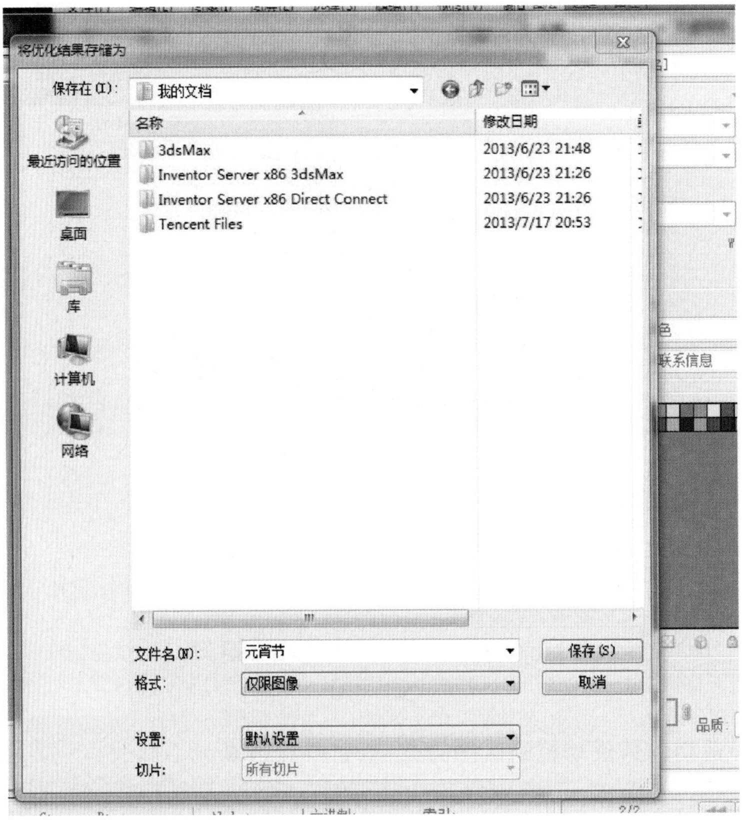

图　7-15

【本章小结】

1. 通过彩漫的制作，使读者进一步熟练掌握彩信、彩漫的操作技能。

2. 彩漫的制作，对设计者在色彩和分层逐帧绘制上提出了更高的要求。

【复习思考题】

通过学习制作彩漫，请绘制自己或者身边的人的卡通人物形象，从而制作一些更有趣、更有吸引力的彩漫。

第 **8** 章

手机微漫画制作项目

学习目标

1. 熟悉 Photoshop CS5 的窗口,掌握绘图窗口的功能与技巧。

2. 了解绘图工具,利用钢笔工具等绘制出人物的细节。巧妙设计每格的人物、地点、事件,以及格与格之间内容中的关系。

3. 了解图层的作用,灵活运用图层,以达到最佳的表达效果。可利用文字工具、图层样式等功能,优化微漫画的效果。

4. 通过学习本章内容,了解移动应用类微漫画的发展以及现阶段的需求,提高学生对微漫画制作的认识水平,把握微漫画的表现技巧,能够掌握用软件制作微漫画的基本步骤。

5. 培养学生发散思维与聚合思维相结合的想象力和创造力,使学生能抓住微漫画的本质特征,了解微漫画与漫画的联系。

8.1　微漫画设计概述

微漫画是以微博客形式发表的微型漫画,是微博客价值延伸的一种时代化表现形式,内容短小精悍,更有漫画特有的搞笑、夸张、想象等特色。

与微小说、微视频、微访谈等一脉相承,微漫画通常以 JPG、GIF、PNG 等类型的图片形式呈现,文件小于 5M。

可以说,微漫画是随着读图一代成长而出现的漫画形式的微小说,其更加美观、有趣、易读,完全符合现代人们的阅读需求。

在国内知名的微博平台如新浪、腾讯等,漫画红星 PP 猪率先推出 PP 猪微漫画系列。即在微博上通过漫画的形式来点评时事、表达观点。现在,在 PP 猪微漫画的带动下,越来越多的漫画红星开始参与其中。

1. 特点

微漫画具有以下特点。

(1) 通过漫画形式进行呈现。

（2）风格简单，漂亮。

（3）内容上单独成篇，多取材于时事热点以及经典段子，风格幽默。

（4）形式自由，有单格、四格以及小连载等形式。

（5）便于阅读、转载、交流观点。

（6）容量不超过 5M。

2. 微漫画营销模式

微漫画集网络漫画和微博之所长，目前见到的微漫画营销模式还比较少，现简单总结如下。

（1）使用自身漫画形象创作微漫画进行传播。如海尔兄弟。

（2）借助知名漫画品牌创作微漫画进行传播。

（3）仅采取微漫画的形式进行传播。如 3Q 大战的微漫画就属于此类。

总之，微漫画和微小说、微视频、微访谈等同属于微文化、微经济的领域，是当前秒时代的结晶，也是碎片化时间带来的巨大市场，微漫画，不可小觑。

8.2　实　例

Photoshop CS5 软件在简笔漫画图制作方面有着特有的优势，其自带的钢笔工具功能能够帮助用户快速地完成简单的微漫画的制作，下面以制作移动类微漫画人物为例进行阐释。

8.2.1　实例：开车人物漫画制作

本实例的具体操作步骤如下。

（1）在 Photoshop CS5 中打开已上好颜色的人物原稿，如图 8-1 所示。

（2）选择新建图层，通过新建得到新图层"线稿"，如图 8-2 所示。

（3）选择钢笔工具，开始进行描点绘制，如图 8-3 所示。

（4）用钢笔工具绘制好后，在路径中查看，并添加描边路径效果，如图 8-4 所示。

图　　8-1

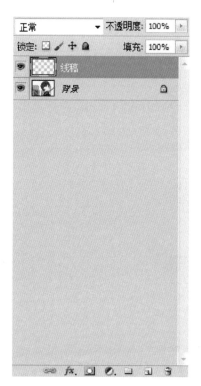

图　　8-2

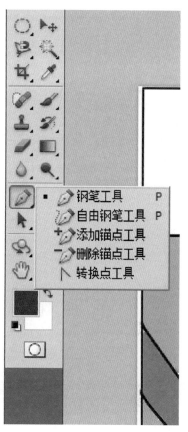

图　　8-3

图 8-4

（5）选中画笔工具，为其增加所需要的颜色，如图 8-5 所示。

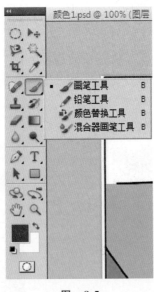

图 8-5

（6）可以通过添加新的图层，分层上色，以达到理想的效果，如图 8-6 所示。

（7）最后添加想要的文字，选择菜单栏上的"文件—保存为"命令，保存为"psd"和"设备所用格式"，单击"存储"即可，如图 8-7 所示。

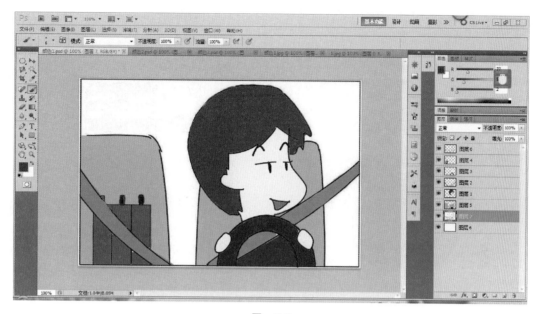

图　8-6

图　8-7

至此，一个简单的开车人物漫画图就完成了，还可以运用同样的方法，结合自己的需要，制作出更多的漫画。

8.2.2　实例：卡通小女孩制作

绘制如图8-8所示的卡通小女孩。

具体操作步骤如下。

（1）建立新的图层，通过钢笔或铅笔工具绘制线稿，如图 8-9 所示。

图 8-8　卡通小女孩

图　8-9

（2）绘制好之后，进行细微的调整，以达到想要的线稿效果，如图 8-10 所示。

图　8-10

（3）通过建立多个图层，用笔刷工具添加所需要的颜色，使画面达到理想效果，如图 8-11 所示。

图　8-11

（4）最后选择快捷键 Ctrl＋s 保存位置，命名文件，确定完成，如图 8-12 所示。

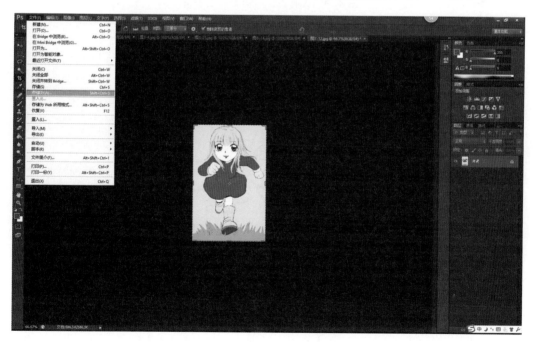

图　8-12

8.2.3 实例：人物动态效果制作

本实例的具体操作步骤如下。

人物形态动作多种多样，但肢体语言可以很明确地给人以最直观的感受，所以要制作好人物的形态动作，弄清楚人物姿态原画特征是非常关键的。如图 8-13 至图 8-16 所示。

图 8-13　人物说话时的动作及表情

点评：用夸张的手法简单地勾画，表达出人物说话时的状态。

图 8-14　人物惊讶时的状态

点评：手稿应准确抓住人物动作的艺术表现形式。

图 8-15　人物抓狂时的状态

点评：人物感情手稿在创作的时候，更应突出表情在视觉上的可识别性。

图 8-16　人物哭泣时的状态

点评：人物丰富的表情更应该突出脸部的感觉。

色彩对于微漫画的制作十分重要，图 8-17 是微漫画绘制色彩的讲解。

在制作过程中，文字对于整个漫画也是至关重要的，可方便清晰表达微漫画的内容，图 8-18 是微漫画添加文字后的效果图。

图 8-17　人物原稿上色后的效果图

点评：在原来黑白稿的基础上，添加颜色，使人物形象显得更生动。

图 8-18   人物图片添加文字后的效果图

点评: 在原来只有图画的基础上, 添加文字, 使人欣赏后印象更加深刻。

【本章小结】

1. 读者应熟练掌握 Photoshop CS5 的基本功能，以便在制作时提高效率。

2. 读者应了解格与格之间内容中的关系，以达到更好的表达效果。

3. 读者应掌握手机显示等参数的设置。

【复习思考题】

1. 利用制作四格微漫画的方法，制作各种可以表达情感或者讽刺意味的微漫画。

2. 利用制作四格微漫画的方法，制作一幅自己想要风格的微漫画。

第9章

手机微动画制作项目

学习目标

1. 利用 Flash 软件的基本功能制作微动画片段。

2. 设计好每个动作所对应的时间区间,了解补间和动作的关系,灵活运用补间知识,以达到最佳的动画效果,也可利用文字工具、遮罩层或引导层等功能,优化微动画的效果。

3. 提高学生对微动画制作的认识水平,培养学生的想象力与创作能力,使学生准确把握微动画的艺术表现形式。

4. 掌握微动画的表现技巧,熟悉软件制作微动画的基本步骤,从而制作个性化的微动画片段。

9.1 微动画概述

随着动漫产业的发展,微动画也随之成长起来。微动画是短篇动画的统称,微动画的出现能够更加完整地表达用户的差异化需求,弥补传统图片符号传达信息的不足,同时也体现了用户的个性化。微动画之所以日渐流行,就在于它比图片符号更具有直观性,能够在短时间内展现完整的剧情,一定程度上节省了用户时间。

微动画诞生于移动互联网时代与以草根为主体的微言大义的全民传播时代。微动画作为一种独立的艺术形态,由上海贺禧动漫有限公司的创始团队首次提出,并对其概念与内涵做了完整的阐述。目前,"微动画"、"MICRO ANIMATION"已经成为上海贺禧动漫有限公司的注册商标。

1. 概念

微动画的艺术形态为动画,但艺术语言更接近漫画,即用简洁夸张的手法来描绘或演绎生活与社会时事。微动画通常运用变形、夸张、比喻、象征、暗示、影射、调侃,以及跨越时空的人物嫁接与互动的方法来揭示、演绎社会现象及人性的复杂。其中的矛盾与多重性,使观众在娱乐的同时领悟到幽默中隐藏的悲剧,搞笑中蕴含的荒谬。微动画的题材取自于社会时事,作品的主人公大多是社会公众人物。所谓三教九流皆主角,五行八作皆戏剧,嬉笑怒骂皆动漫。所以,微动画也是国内首个覆盖多个年龄层的大众动漫产品。

2. 受众

微动画的概念决定了其受众绝非少年儿童,而是具有较高文化素养,对各类时事与资讯敏感,热衷于 IT 文化以及现代生活方式的社会主流群体。因此,微动画不同于少儿动漫需要迎合青少年叛逆期心理和逃避现实的情绪,以造型与故事的虚拟性和幻想性满足其需求。微动画的主流受众是成年人,具有独立思考和分析能力。微动画不仅以视觉形态上的奇妙、夸张、怪异等取胜,而更注重对人物世界观和心理变化的阐述,并以此激发与读者在情感与思想上的互动。

3. 内容构成

微动画的内容紧扣社会脉动,以社会热点话题为题材,并嫁接国学经典与百科知识。微动画通常由动画和漫画组成,现行栏目分为:世态怪相、时政八卦、轶事趣闻、浮世绘、天声人语等,内容设置常与社会热点联动,可灵活增减栏目。

4. 制作方式

鉴于微动画的时效性,根据其设计理念和特性,目前多采用最为简便快捷的 Flash 动画进行制作。这种方式简单、明快、制作周期短,风格呈现也快速到位,能满足移动互联网等新兴媒体的快速传播要求。博客是博主们乔装打扮后为自己精心描绘的肖像;微博则是博主们随性随意、即时传播的表达。微动画在传播形态上与博客和微博相似,但是微动画的制作还不能由草根们自发完成,需要专业团队的参与。微动画的专业制作团队不同于传统动漫大团队细分化的作业方式,而是由个性化、风格化强烈的小团队组成并完成整个设计。

5. 创作手法

微动画采用动画小品以及漫画的创作手法对时事民生、轶事趣闻等社会百态进行评说、戏说、调侃等戏剧化演绎。微动画还设计了虚拟的动漫名角和名嘴(主持人),虽然是一个卡通人物,但却凭借极具个性的语言功力与表现力,使其具有了浓厚的人格魅力。该形象将伴随着微动画的传播成为微动画的代言人。

由于微动画的题材来自时事,主角也是社会生活中实际存在的人物,因此在人物造型风格上与少儿动漫虚拟化的设计理念完全不同,绘画笔法也有别于传统二维动画严谨有序的特点。微动画的人物设计一般根据剧本的特定情景,在写实的基础上选取该角色瞬间产生的极度夸大的表情加以变形或扭曲。这种符号化的夸张表情,既可清晰地概括剧情中角色造型的图形化特征,又大幅增强了角色的趣味性并呈现了人物鲜明的性格色彩。

6. 传播渠道

据艾瑞咨询数据显示,2011 年全国动漫爱好者群体约为 1.6 亿,其中 54.3% 的人对手机动漫感兴趣,58% 的人愿意每月支付 5 元以上作为手机动漫使用费。按此推算,未来三年手机动漫收入规模可达 23.1 亿元。但是,我国现有的动漫内容低龄化严重,根本无法满足由 25~45 岁用户群体所构成的移动互联网主流客户群的需求。另据 DCCI 统计,2011 年中国移动互联网用户规模已达 4.3 亿,环比增长近 50%;2012 年,移动互联网用户数将突破 6 亿,超过宽带互联网用户数量。

因此,以手机和平板电脑为终端的移动互联网即将成为社会传播力和影响力最大的互动媒体。而服务于该媒体的优质动漫内容依然缺乏,微动画的发展空间前景无限。

7. 应用趋势

据 DCCI 统计,移动互联网用户 86% 的应用为浏览新闻,45.2% 的应用为影音播放。对此,微动画创造性地将时事内容与动漫艺术相结合,成为动漫和手机内容产业中唯一可覆盖 3G 手机主流用户群体的创新内容。另外,移动互联网内容的消费特征为碎片式消费,用户可随时随地任意进行检索或浏览内容。但我国移动互联网现行传播的内容大多从其他媒体内容改编转制而来,适合移动互联网消费特征的内容较少。因此,微动画适宜碎片消费的应用优势将得到充分体现。

9.2 Flash 软件动画制作过程

Flash 软件在制作动画方面有着自身的优势,可以利用 Flash 软件制作一些简单幽默的微动画,下面将介绍利用 Flash 软件完成移动类微动画制作的实例。

9.2.1 小虎踩到香蕉皮摔倒的微动画制作

角色设计三视图,如图 9-1 所示。

1. 微动画分镜绘制

在制作出一个微动画前,首先要对微动画进行分镜绘制,分镜绘制是体现所设计动画的叙事语言风格、构架故事的逻辑,以及控制故事节奏的一个重要环节。在绘制分镜

图　9-1

的过程中,要特别注意镜头的连景、透视的严谨、构图的美观,从而保证动画的流畅和生动。

　　在绘制分镜中,要严格按照原图所设计的动作要求以及设定的帧数来绘制,下面进行详细介绍。

　　按照"小老虎踩到香蕉皮"这个小情节来绘制分镜,其共有四个分镜头,具体操作步骤如下。

　　(1)该第一分镜头为小老虎在街上行走,如图 9-2 所示。

图　9-2

　　(2)第二分镜头为小老虎踩到香蕉皮,如图 9-3 所示。

　　(3)第三分镜头为高潮部分,即小老虎摔倒翻跟头,如图 9-4 和图 9-5 所示。

图   9-3

图   9-4

（4）第四个镜头为动画的结尾，小老虎摔倒在街上，如图9-6所示。

可以使用软件来制作所绘制的每个分镜头，并将每个分镜头连接起来，这样就完成了一个简单且搞笑的微动画了。

图　9-5

图　9-6

2. 微动画角色动作元件制作具体操作步骤

（1）建立一个新的文档，无须更换参数，单击"确定"按钮，如图 9-7 所示。

（2）为了方便操作，把"头部"、"身体"、"手臂"以及"尾巴"分别做了转换元件的操作。并命名好相应的元件名称，如图 9-8 所示。

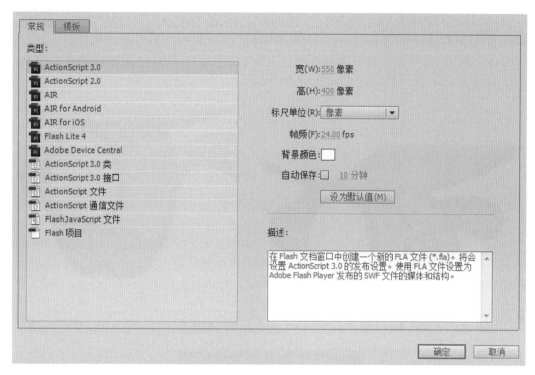

图 9-7

图 9-8

（3）命名完各部分的元件后，进行下一步操作。为了方便更改名字，可以新建一个 FLA 文档并通过库的共享功能来进行，如图 9-9 所示。

（4）选中右手的元件，选取工具栏中的"任意变形工具"，如图 9-10 所示。

图　9-9

图　9-10

（5）这时会出现矩形的操作框，无须对其进行外形的修改，只需单击拖拽元件中心的旋转节点到角色的关节处，让元件可以模拟出角色的关节动作，如图 9-11 所示。

（6）操作腿部的动作需要对元件进行更改，双击，进入"身体"元件的更改操作，如图 9-12 所示。

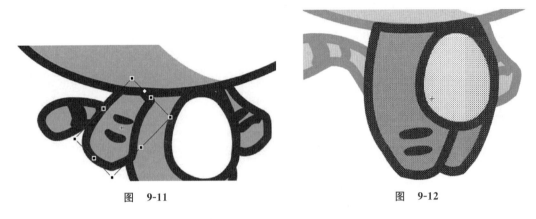

图 9-11　　　　　　　　　　　　　图 9-12

（7）选取工具栏中的"部分选取工具"，如图 9-13 所示。

图 9-13

（8）单击身体部分的外轮廓线，可以对身体部分的节点进行操作，如图 9-14 所示。

（9）结合对动作的想象，使用鼠标左键移动节点，得到想要的动作，如图 9-15 所示。

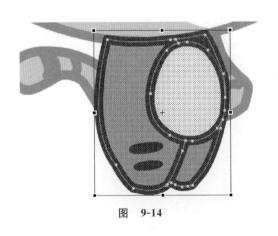 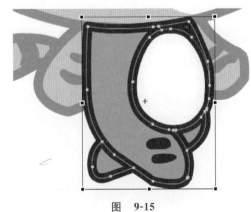

图 9-14　　　　　　　　　　　　　图 9-15

（10）完成想要的动作编辑之后，对当前的关键帧
右击执行"复制帧"的操作，并在新的 FLA 文档第 1 帧
处右击执行"粘贴帧"操作，如图 9-16 所示。

图　9-16

（11）在另一个文档完成对元件的编号命名后，把
动作编辑完成，如图 9-17 所示。

这样，就得到了三个动作，分别是静止、迈右脚和迈左脚。

（12）依照动作的规律，以'静止、迈左脚、静止、迈右脚'的顺序对帧进行编辑，得到如
图 9-18 所示的时间轴。

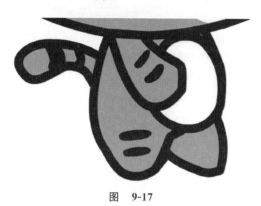

图　9-17

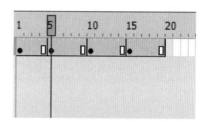

图　9-18

（13）按 Ctrl＋Enter 组合键预览动画，发现小虎已经"走起来了"，如图 9-19 所示。

图　9-19

（14）在实际操作中还需注意走动时角色的脸部透视关系，以让动作更加真实，如图 9-20 所示。

（15）接下来是对香蕉皮的绘制。制作方法与小虎制作大同小异，使用"钢笔工具"完成描线，然后用笔刷添加适当的纹理。完成后将香蕉皮做"转换元件"的操作，如图 9-21 所示。

（16）接下来要完成角色"踩香蕉皮然后摔倒"的逐帧图。因此，踩香蕉皮瞬间的动作是必不可少的。通过想象，可以在新文档中绘制出来，如图 9-22 所示。

图 9-20

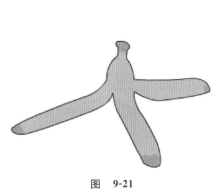

图 9-21

图 9-22

（17）在滑倒时可以发挥自己的想象让角色做出滑稽的动作，这里采用了让角色在空中旋转了 360°后面朝下趴在地上的动作，只需将帧复制后对角色进行空中旋转并移动。具体操作时要选中所有的元件，并且在移动时注意动作的流畅度，如图 9-23 所示。

（18）最后把摔倒的动作完成，此时，就完成了这个摔倒瞬间的动画，如图 9-24 所示。

（19）选中时间轴中的全部帧，右击并执行"复制帧"操作，如图 9-25 所示。

选择菜单栏中的"插入"命令，执行"新建元件"操作，单击"确定"按钮。然后在时间轴第 1 帧执行"粘贴帧"操作，把完成的动画中所有帧粘贴进来。至此，就完成了对动画元件的制作。

图　9-23

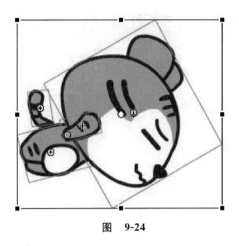

图　9-24

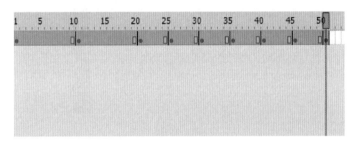

图　9-25

3. 微动画的角色动作元件合成导出

通过上一节的学习,制作了小虎的动作元件,现在来把这些元件进行合成,导出动画。

具体操作步骤如下。

(1) 打开 Flash CS4,新建文件,在第一帧处导入"街景"元件,单击任意变形工具,调整大小填满整个舞台。并在第 240 帧处执行"插入帧"指令,如图 9-26 所示。

(2) 新建图层,命名为"走路"。在第一帧处导入库元件"小虎走路",单击任意变形工具,调整大小和位置。接着在第 180 帧处执行"插入关键帧"指令,使用方向键将"小虎走路"往右平移一段距离,这段距离便是人物走路的距离。在第 1 帧与第 180 帧之间执行"创建传统补间"指令。最后在 181 帧处执行"插入空白关键帧"指令,如图 9-27 所示。

(3) 新建图层,命名为"摔倒"。在第 180 帧处插入"关键帧",导入库元件"小虎摔倒",单击任意变形工具,调整大小和位置与"小虎走路"元件重合,如图 9-28 所示。

(4) 新建图层,命名为"香蕉皮"。在第 240 帧处导入库元件"香蕉皮",单击任意变形工具,调整位置大小与"小虎摔倒"元件中的香蕉皮重合,按住"Alt 健"将第 240 帧复制至第 1 帧,然后在第 180 帧执行"插入空白关键帧"指令,最后按 Ctrl＋Enter 组合键预览动画效果,如图 9-29 和图 9-30 所示。

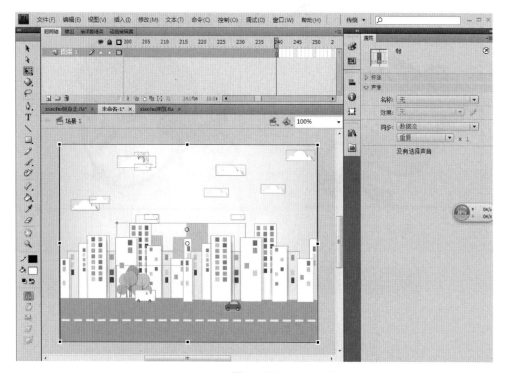

图　9-26

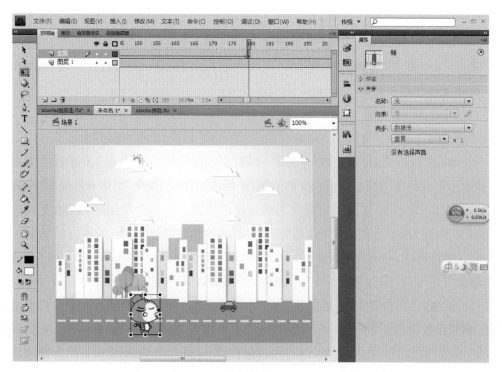

图　9-27

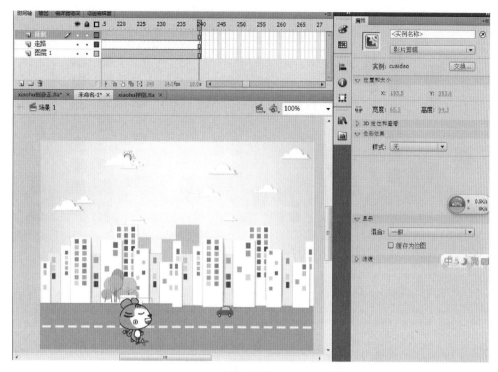

图　9-28

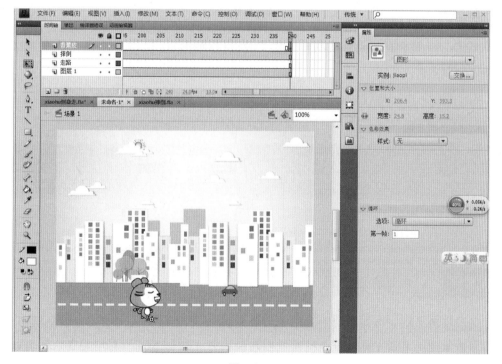

图　9-29

图　9-30

　　至此,一个简单的微动画就制作完成了,还可以根据自己的需要和想象力来制作更为幽默的微动画。

9.3　利用遮罩的原理创建遮罩动画(闪闪红星)

9.3.1　遮罩原理介绍

　　遮罩原理是将一个特殊的图层作为遮罩图层,遮罩图层下面的图层是被遮罩图层,只有在遮罩图层中填充色块下的被遮罩图层的内容才能被看到。利用遮罩功能可以制作虚化的复杂效果。

9.3.2　创建遮罩层的操作步骤

（1）首先创建一个普通层"图层 1"，并在此图层中绘制可透过遮罩图层显示的图形与文本。

（2）新建一个"图层 2"，将该图层移到"图层 1"的上面。

（3）在"图层 2"上创建一个填充区域和文本。

（4）在该图层上右击，在弹出的快捷菜单中选择"遮罩层"命令，如此，"图层 2"已设置为遮罩图层，而"图层 1"就变成了被遮罩图层。

9.3.3　红星闪闪制作案例

本案例的具体操作步骤如下。

（1）打开 Flash，在 Flash 窗口中创建一个新的 FLA 文件，如图 9-31 所示。

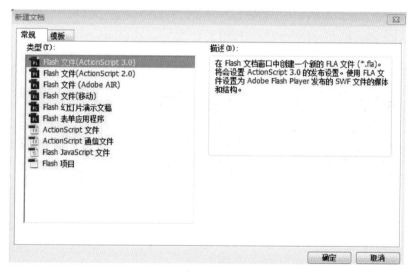

图　9-31

（2）场景设置，打开工作区"属性面板"把背景色改为黑色，如图 9-32 所示。

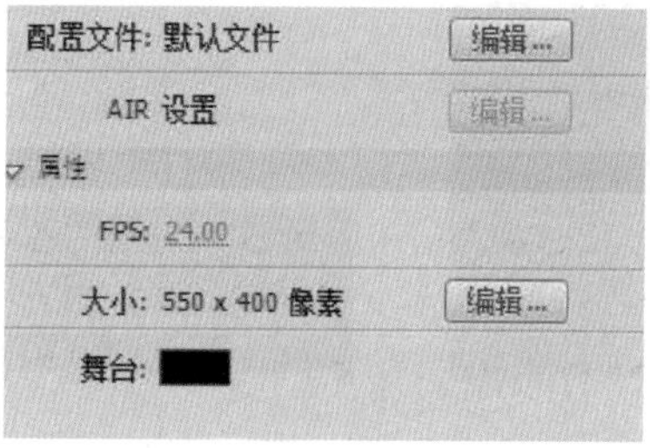

图　9-32

（3）建立元件红星，在元件红星工作区中垂直画一条直线，然后利用"自由缩放工具"把直线的中心点调到直线的最底端，如图 9-33 所示。

（4）打开变形面板，旋转"72 度"，并选择"旋转并复制"应用按钮，单击 4 次，如图 9-34 所示。

（5）把每个顶点与它相对面的两个顶点连接起来，如图 9-35 所示。

9-33 图 9-34 图 9-35

（6）把中间多余的直线删除，如图 9-36 所示。

（7）用铅笔工具画直线，并且把中心点和所有对面顶点连接起来，如图 9-37 所示。

（8）使用"颜料桶"工具填充，在颜色面板中选择放射状，左边顶点为深红色，右边顶点为浅红色，然后在红星中隔一个填充一次，如图 9-38 所示。

图 9-36 图 9-37 图 9-38

（9）使用同样的方法把其余的填充成由红到黑的放射状，如图 9-39 所示。

（10）把边框删除掉，效果如图 9-40 所示。

（11）建立元件放射线，在元件放射线工作区中用"直线"工具画一条直线，并且把中心点调到右顶点的上方，如图 9-41 所示。

图 9-39 图 9-40 图 9-41

手机微动画制作项目

（12）打开变形面板，旋转"15度"，单击"复制并应用变形"按钮，直到旋转一周，如图 9-42 所示。

（13）选中所有直线，把它放到中心点，选择"修改"|"形状"|"将线条转换为填充"命令，这样把矢量线转换成矢量图形才可以作为遮罩层，如图 9-43 所示。

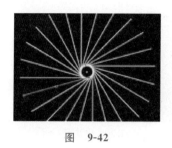

图　9-42　　　　　　　　　图　9-43

（14）编辑场景，把放射线元件拉入场景中，并把图层名称改为放射线。选中放射线元件对象，打开"属性面板"，在"颜色"下拉列表中选择"色调"选项，给它设置一种金黄色，如图 9-44 所示。

（15）插入图层，命名为遮罩，把元件放射线拉入场景中。选择"修改"|"变形"|"水平翻转"命令，如图 9-45 所示。

图　9-44　　　　　　　　　图　9-45

（16）插入图层，命名为"红星"，把"红星元件"拉入场景中，如图 9-46 所示。

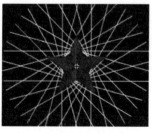

图　9-46

（17）在每个图层的第 80 帧插入"关键帧"。

（18）设置遮罩层动画，选中遮罩层第一帧，打开"属性面板"，选择"补间"｜"动画"｜"顺时针"命令，1 次，在遮罩层上右击，在弹出的快捷菜单中选择"遮罩层"命令，效果如图 9-47 所示。

图　9-47

这样，一个简单的红星闪闪遮罩动画就完成了，最后保存文件，按 Ctrl＋Enter 快捷键导出 SWF 文件进行查看。

【本章小结】

1. 读者应熟练掌握 Flash 软件的基本操作。

2. 读者应了解补间与动作的关系，以达到更好的动画效果。

3. 动态表情的制作要求掌握时间轴各个时间区间与补间的设置。了解角色动作与真实人物动作的关系，突出表现微动画的特点，提高其艺术设计水平。

【复习思考题】

1. 制作一个角色撞到柱子摔倒的微动画。

2. 利用遮罩原理制作慢慢浮现祝福语的动画贺卡效果。

附　录
优秀案例参考

下面是一些优秀的界面设计作品。

1. 图标类作品

在手机界面中,图标会给用户留下重要的第一印象,因此图标设计的好坏,很大程度上决定了用户的应用体验。图附-1 是一组应用的图标。

图　附-1

资料来源:UI 中国,http://www.ui.cn/project.php? id=24927

而对于游戏 APP 的图标来说,在设计上需要更加精美。例如,图附-2 至图附-3 的游戏图标,注重其立体感以及质感的体现。

图　附-2　　　　　　　　　　　　　　　图　附-3

资料来源:花瓣网,http://huaban.com/pins/181682375/

2. Logo 类作品

Logo 是企业形象或者产品形象的符号化体现。因此,对于一个产品来说,Logo 的重要性不言而喻。图附-4 与图附-5 是一组商业以及游戏 APP 的 Logo 设计。

图　附-4　　　　　　　　　　　　　　　图　附-5

资料来源:花瓣网,http://huaban.com/pins/195190569/

游戏 APP 类的 Logo 更加注重细节以及整体的表现力与吸引力。如图附-6 至图附-8。

图　附-6　　　　　　　　　　　　图　附-7

图　附-8

资料来源:花瓣网,http://huaban.com/pins/206312212/

3. 按钮类作品

按钮作为整个作品细节的体现,最重要的是符合整个作品的主题风格,例如,图附-9 是一个听歌软件的按钮设计,其是紧紧围绕简洁的整体风格而制作的。

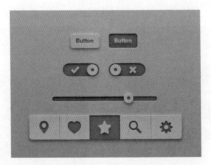

图　附-9

资料来源:非凡图库,http://www.ffpic.com/psd/130820554256.html

4. 徽章类设计

（1）一般徽章类的设计在游戏的 APP 中出现的比较多，其也是游戏画面质量的一个重要体现，对于设计者的手绘功底和软件技术都有很高的要求。如图附-10 所示的徽章类设计。

图　附-10

资料来源：花瓣网，http://huaban.com/pins/181682375/

（2）徽章也是有风格的，图附-10 的徽章属于欧美风格，图附-11 属于比较偏向中国风风格的徽章。

5. 界面设计作品

上面列举的都是一些比较小的设计，都是作为一个作品整体中的细节，下面将从界面设计作品设计的文字排版、不同风格等方面来进行介绍。色彩的运用在界面设计中值得细细琢磨，希望读者能从下面的作品中获得灵感。

（1）文字排版类界面。

当文字较多的时候，就需要合理地进行文字排版，使得整个界面看起来美观且有格

图　附-11

资料来源:花瓣网,http://huaban.com/pins/81176643/

调,例如,图附-12 至图附-14 的几个界面,只是在一张简单的地图上通过文字的合理排版,却表达出了独特的美感。

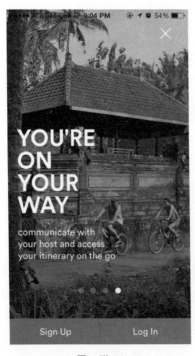

图　附-12

图　附-13

图　附-14

资料来源：http://www.mobile-patterns.com/

（2）应用类界面。

这类界面大都是秉承简介至上、风格时尚的原则，例如，图附-15 与图附-16 的一款电台 APP 应用的界面。

图　附-15

图　附-16

资料来源：UI 中国，http：//www.ui.cn/project.php? id=25290

（3）韩版类界面。

在游戏 APP 中，界面设计也是非常重要的，而且根据游戏的风格不同，设计游戏作品表现形式也不一样。如图附-17 和图附-18 是韩版类风格游戏界面设计。

图　附-17　　　　　　　　　　　　　图　附-18

资料来源：花瓣网，http://huaban.com/pins/81163831/

（4）欧美风的手机 APP 界面。

欧美风格的手机 APP 界面，重点表现作品的细节，画面的颜色、层次都非常精细，如图附-19 与图附-20 所示欧美风格界面。

图　附-19　　　　　　　　　　　　　图　附-20

资料来源：花瓣网，http://huaban.com/pins/81176643/

（5）中国风的游戏界面。

中国风的游戏界面设计多体现中国元素，如水墨、古风、仙侠等。如图附-21 与图附-22
所示中国风游戏界面设计。

图 附-21

图 附-22

资料来源：花瓣网，http://huaban.com/pins/143435954/

本附录从图标、徽章等细节中，系统展示了 Logo 界面设计的优秀作品，希望读者从
如上作品中，开拓自己的思路，努力提高手绘功底和创作水平，最终成为一名优秀的设
计师。

参 考 文 献

[1] [美] Shawn Welch. iOS APP 界面设计创意与实践[M]. 郭华丰,译. 北京:人民邮电出版社,2013.

[2] 晋小彦. 形式感:网页视觉设计创意拓展与快速表现[M]. 北京:清华大学出版社,2014.

[3] [美] Jeff Johnson. 认知与设计:理解 UI 设计准则[M]. 张一宁,译. 北京:人民邮电出版社,2011.

[4] 腾讯公司用户研究与体验设计部. 在你身边,为你设计:腾讯的用户体验设计之道(全彩)[M]. 北京:电子工业出版社,2013.